"十四五"普通高等教育本科部委级规划教材

浙江省普通本科高校"十四五"新工科重点教材

女下装结构设计与拓展

NÜXIAZHUANG

JIEGOU SHEJI YU TUOZHAN

沈婷婷 何瑛 著

U0217138

中国纺织出版社有限公司

内 容 提 要

本书为浙江省普通本科高校"十四五"新工科重点教材建设项目。

本书运用立体裁剪和平面结构制图并重的方式详细讲解了女下装（女裙、女裤）基本型和女下装廓型变化的结构设计方法，在阐述分析女下装结构设计基本原理的同时，分析了这两种结构设计方法的各自优势和适用性。选择具有代表性的女裙、女裤综合设计拓展案例，以图文结合的方式详细说明实现女下装结构设计的过程及其要点。本书既有理论分析，又注重实际应用，适合作为高等院校服装专业教材，也适合服装专业技术人员和爱好者参考阅读。

图书在版编目（CIP）数据

女下装结构设计与拓展 / 沈婷婷，何瑛著 . -- 北京：中国纺织出版社有限公司，2025.3. --（"十四五"普通高等教育本科部委级规划教材）（浙江省普通本科高校"十四五"新工科重点教材）. -- ISBN 978-7-5229 -2353-6

Ⅰ. TS941.717

中国国家版本馆 CIP 数据核字第 2024EY5032 号

责任编辑：亢莹莹　　责任校对：高　涵　　责任印制：王艳丽

中国纺织出版社有限公司出版发行
地址：北京市朝阳区百子湾东里 A407 号楼　邮政编码：100124
销售电话：010—67004422　传真：010—87155801
http://www.c-textilep.com
中国纺织出版社天猫旗舰店
官方微博 http://weibo.com/2119887771
北京通天印刷有限责任公司印刷　各地新华书店经销
2025 年 3 月第 1 版第 1 次印刷
开本：787×1092　1/16　印张：15
字数：250 千字　定价：69.80 元

服装结构设计与服装款式设计、服装工艺设计组合形成服装设计这一综合工程，三者缺一不可。服装结构设计一直是服装设计、服装工程专业的专业必修课，包括立体裁剪和平面结构设计两种方法，它们各有所长。立体裁剪具有直观、易学的优点，特别适合初学者理解服装立体造型与人体的关系，激发学习兴趣；但其受人台的限制以及服装松量难以精准把控的局限性也很明显。平面结构制图具有把控服装规格精准、效率较高的优点，适合结构简明的成衣，但对初学者而言存在理解较难、学习相对枯燥的问题，而且对于褶皱、曲面分割等结构复杂的服装往往需要多次试样修改。随着服装业的发展，对服装结构设计从业者的综合能力提出了更高的要求。要求在掌握服装结构设计基本原理和规律的基础上，能融会贯通、举一反三，具备解决实际服装结构问题和拓展创新的能力。

笔者和同事们在多年的教学实践中，一直在思考和探索改进服装结构设计的教学方法，提升教学质量和效果。本书综合立体裁剪和平面结构设计两种服装结构设计方法，从基础廓型到综合拓展运用，通过选择具有代表性的案例，完整呈现服装造型的实现过程，并注重基本原理和规律的分析及提炼。期待通过这种方式能使读者更深入地理解和掌握服装结构设计理论，提高综合运用立体裁剪和平面结构制图两种方法解决实际服装结构问题的能力，能根据服装造型的需要有效、高效地实现服装结构设计，并不断提高服装审美能力。

本书的出版获浙江理工大学教材建设经费的支持，第二章和第六章由丁笑君老师参与编写，在此表示感谢。

由于编写时间、人台展示及摄影条件有限，书中仍有不尽如人意之处，恳请专家、同行和读者批评指正。

著者

2024 年 5 月

教学内容及课时安排

章 / 课时	节	课程内容
第一章 / 2	●	**女下装结构设计的技术准备**
第二章 / 2	●	**半裙概述**
第三章 / 6	●	**半裙基本型的结构设计**
	第一节	半裙基本型的立体裁剪
	第二节	半裙基本型的平面结构设计
	第三节	半裙基本型的结构设计原理
第四章 / 8	●	**半裙廓型变化的结构设计**
	第一节	A型裙的结构设计
	第二节	O型裙的结构设计
	第三节	T型裙的结构设计
	第四节	鱼尾裙的结构设计
第五章 / 26	●	**半裙结构设计拓展**
	第一节	垂褶紧身裙的立体裁剪
	第二节	旋转分割裙的立体裁剪
	第三节	高腰波浪裙的立体裁剪
	第四节	低腰育克工字褶裙的立体裁剪
	第五节	双排扣百褶裙的立体裁剪
	第六节	不规则斜省褶裥裙的立体裁剪
	第七节	波浪边鱼尾裙的立体裁剪
	第八节	六片A型插片裙的平面结构设计
	第九节	纵分抽褶紧身裙的平面结构设计
	第十节	A型侧褶裙的平面结构设计
	第十一节	不对称弧线分割小A裙的平面结构设计
	第十二节	低腰横分迷你裙的平面结构设计
	第十三节	纵分横褶饰边裙的平面结构设计
第六章 / 2	●	**女裤概述**
第七章 / 6	●	**女裤基本型的结构设计**
	第一节	女裤基本型的立体裁剪
	第二节	女裤基本型的平面结构设计
	第三节	女裤基本型的结构设计原理

章 / 课时	节	课程内容
第八章 / 4	●	**女裤廓型变化的结构设计**
	第一节	锥形裤的结构设计
	第二节	低腰喇叭裤的结构设计
第九章 / 20	●	**女裤结构设计拓展**
	第一节	灯笼裤的立体裁剪
	第二节	高腰褶裥裙裤的立体裁剪
	第三节	几何廓型系带长裤的立体裁剪
	第四节	不对称装饰七分裤的立体裁剪
	第五节	多分割喇叭裤的平面结构设计
	第六节	纵分休闲裤的平面结构设计
	第七节	不对称褶裥锥形裤的平面结构设计
	第八节	五分工装裤的平面结构设计
	第九节	偏门襟落裆裤的平面结构设计
	第十节	连身中裤的平面结构设计

注　各院校可根据自身的教学特点和教学计划对课程时数进行调整。

目录
CONTENTS

第六章　女裤概述 / 131

第七章　女裤基本型的结构设计 / 139

第八章　女裤廓型变化的结构设计 / 161

第一章
女下装结构设计的技术准备

课程内容：1. 躯干型人台和腿型人台的基础标识线

2. 人台（或人体静态）测量的方法

3. 白坯布选择

4. 服装平面结构设计符号

课题时间：2课时

教学目的：阐述女下装结构设计的技术准备，使学生了解女下装结构设计中需要用到的工具材料
及其使用要点。

教学方式：讲授、讨论与练习

教学要求：1. 掌握躯干型人台和腿型人台基础标识线的设置方法

2. 掌握人台（或人体静态）测量的基本规范

3. 了解白坯布种类和纱向选择的依据及其取料方法

4. 了解并掌握服装平面结构设计中作图符号的含义

服装结构设计的方法包括立体裁剪和平面结构设计两种，它们都需要有专业的工具。准备好适合的工具，能有效地实现服装结构设计的目标，并提高工作效率。

一、人台

人台是服装结构设计中最重要的工具，立体裁剪在人台上直接进行服装造型，平面结构设计也需要人台进行成衣规格和细部尺寸的设计，另外，通过立体裁剪和平面结构设计完成的样衣都需在人台上进行试样，检查其着装效果和细部比例再进一步完善。女装结构设计中使用的是以国标尺寸为依据，能插入立体裁剪用针，可供立体裁剪使用的女性人台。

（一）躯干型人台

裙装通常使用躯干型人台，根据GB/T 1335.2—2008《服装号型 女子》的标准，目前大多数服装企业采用160/84A作为服装的中码，因此裙子选用84cm净胸围的躯干型人台。要求人台表面曲线起伏、形态优美，各部位比例结构协调。

通常在人台上粘贴好人体基础标识线以方便测量、确定结构线位置，躯干型人台标识线的名称、定义和具体标识方法如表1–1和图1–1所示。

表1-1　躯干型人台基础标识线

分类	名称	定义	标识方法
铅垂线	前中心线	人体正面的左右分界线	由前颈点竖直向下至人台底端的铅垂线，可从前颈点垂挂细线，下系重物，让其自然下垂，用针标记铅垂线的轨迹后粘贴色胶带
	后中心线	人体背面的左右分界线	由后颈点（第七颈椎点）竖直向下至人台底端的铅垂线，标识方法同前中心线
水平线	胸围线	经过左右胸高点的水平围线	确认左右胸高点后，可借助细条松紧带，转动人台，调整松紧带使之水平围绕一周，用针标记松紧带的轨迹后粘贴色胶带
	腰围线	躯干最细处的水平围线	过后腰节点（通常从后颈点向下38cm）水平围绕一周，标识方法同胸围线
	臀围线	臀部最丰满处的水平围线	过臀部最丰满处水平围绕一周，一般160/84A号型的人台在腰围线下18~19cm处，标识方法同胸围线
基础结构分界线	颈根线	颈部与躯干部的交界线	过前颈点、后颈点、左右侧颈点的围线，注意线条圆顺、左右对称

续表

分类	名称	定义	标识方法
基础结构分界线	肩线	连接侧颈点与肩端点的直线	通常肩线与侧缝线在视觉上连为一体，将人台划分为正、背面，因此以合理的胸、腰、臀三围围度分配为参考，从侧颈点过肩点竖直向下形成肩线和侧缝线
	侧缝线	人体正背面的分界线	与肩线一并完成，从肩点垂挂重物作为参照，线条顺畅美观
	臂根线	上肢与躯干的交界线	过肩点、前后腋点绕臂根一周，把握侧面袖窿深度为12.5cm，整体的臂根围度为35cm，前腋窝凹势略大于后腋窝
细分结构线	前公主线	人体正面经过胸高点贯穿胸腰臀的纵向分割线	从小肩宽的中点开始，经过胸高点向下经腰围线和臀围线到人台底端，其造型需与人体正面躯干的立体形态相符，整条线条顺畅，并以前中线为对称轴标识另一侧的前公主线
	后公主线	人体背面经过肩胛骨贯穿胸腰臀的纵向分割线	从小肩宽的中点开始，经过肩胛区域向下经腰围线和臀围线到人台底端，其造型需与人体背面躯干的立体形态相符，整条线条顺畅，并以后中线为对称轴标识另一侧的后公主线

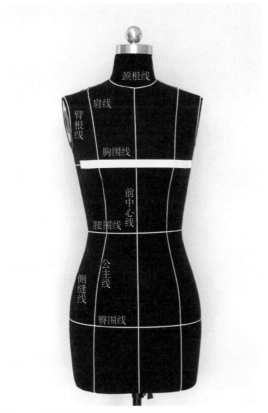
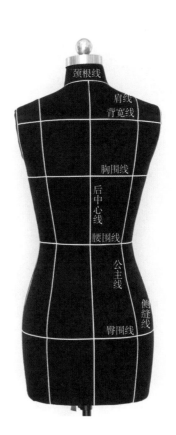

图1-1　躯干型人台基础标识线示意图

（二）腿型人台

裤装需要使用专用腿型人台。根据GB/T 1335.2—2008《服装号型 女子》的标准，目前大多数服装企业采用160/68A作为裤装的中码，因此选用68cm净腰围的下肢型人台。同样要求人台表面曲线起伏、形态优美，各部位比例结构协调。

腿型人台是制作裤装的专用型人台，有裆部结构，两腿形态与人体相符，它的标识线及其标识方法如表1–2和图1–2所示。

表1–2　腿型人台基础标识线

分类	名称	定义	标识方法
水平线	腰围线	躯干最细处的水平围线	过后腰节点水平围绕一周
	臀围线	臀部最丰满处的水平围线	过臀部最丰满处水平围绕一周，一般160/68A号型的下肢人台在腰围线下18～19cm处
	横裆线	裆底点的水平围线	过裆部最低点水平围绕大腿根一周
	中裆线	膝盖髌骨点的水平围线	过膝盖最突出点水平围绕膝部一周，一般160/68A号型的下肢人台在臀围线下38～39cm处
	脚踝线	过内踝点的水平围线	过内踝点水平围绕脚踝处一周
铅垂线	前中心线	人体正面的左右分界线	由前腰中点竖直向下至人台臀围线的铅垂线，可从前腰中点垂挂细线，下系重物，让其自然下垂，用针标记铅垂线的轨迹后粘贴有色胶带
	后中心线	人体背面的左右分界线	由后腰中点竖直向下至人台臀围线的铅垂线，标识方法同前中心线
	前挺缝线	腿部正面的中心线	过前横裆围、前中裆围、前脚踝围中点，臀围线以下为铅垂线
	后挺缝线	腿部背面的中心线	过后横裆围、后中裆围、后脚踝围中点，臀围线以下为铅垂线
基础结构分界线	内缝线	腿内侧前后的分界线	从裆底点到内踝点的线条，应顺畅美观
	外缝线	腿外侧前后的分界线	从腰侧点经臀侧点到外踝点的线条，应顺畅美观
	前裆弧线	前裆部的左右分界线	从前中心线下至裆底点的弧线
	后裆弧线	后裆部的左右分界线	从后中心线下至裆底点的弧线

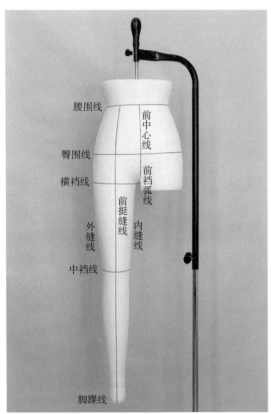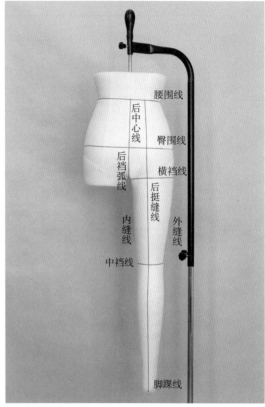

图1-2 腿型人台基础标识线示意图

（三）人台（或人体）测量

在服装结构设计前，需对人台（或人体）的关键部位进行测量。进行人台测量时，将人台的高度调节到与身高160cm人体的相同部位（腰节）高度，使其稳固、不晃动。测量围度时，测量者站立在人台的侧面，以确保软尺处于水平状态，用软尺水平围绕测量部位一周；读数时目光应与测量点在同一水平面上以获得准确的数据。这里仅介绍与女下装相关的测量项目，如表1-3和图1-3所示。

表1-3 女下装相关测量项目

测量项目		测量方法
围度	腰围	于腰部最细处水平围量一周
	臀围	经左右臀凸点，于臀部最丰满处水平围量一周
	腹围	于腰围与臀围的中间位置水平围量一周
	大腿围	沿大腿最粗壮处水平围量一周

续表

测量项目		测量方法
围度	膝围	沿膝盖水平围量一周
	小腿围	沿小腿最粗壮处水平围量一周
	脚腕围	沿内外踝点水平围量一周
长度	下肢长	在腿外侧从腰围线量至地面的垂直长度
	腰长	在人体侧面取从腰围线到臀围线的长度
	股上长	被测者正坐在硬质凳面上挺直腰背，从腰围线到凳面的垂直长度
	股下长	从股上点量至内踝点的长度
	膝长	从腰围线到髌骨下端的长度

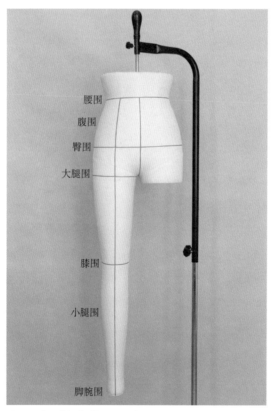

图1-3　女下装相关测量项目示意图

　　如进行人体测量，被测者应穿着贴身轻薄内衣自然站立，不过于内束或外挺，视线保持水平，双臂自然下垂，手掌朝向身体一侧，双脚后跟靠合，脚尖自然分开。测量者按照所需测量的项目测量，用软尺水平围绕测量部位一周时软尺应松紧适度，以不扎紧、不脱落为宜。

二、白坯布

白坯布是服装结构设计中最常用的、替代真实面料进行初样设计的材料，其成本低、结构稳定，立体裁剪前可直接在布料上绘制基础丝缕线，能透过布料看清人台上的基础标识线和款式线，易于操作。

对于白坯布，应尽可能选择与实际面料厚薄、硬挺风格等相近的种类，以减少对最终成品效果的影响。本书的范例中采用了两种布料，在厚度、密度和悬垂性方面有一定的差异。如中等厚度白坯布相对比较厚实紧密，悬垂性较好，适合制作挺括的服装，如A型裙、褶裥裙等。轻盈柔软的粘棉布纹理清晰，经纱挺括而纬纱柔软，适合制作垂褶类服装（图1-4）。当需要面料硬挺度高时，还可以借助背面熨烫黏合衬的方式来改善。

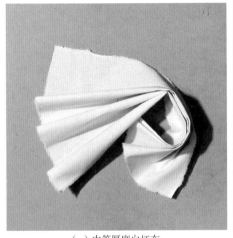 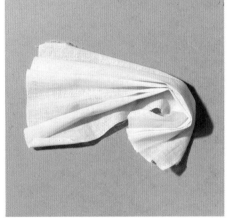

（a）中等厚度白坯布　　　　　　　　　　　　（b）轻盈柔软粘棉混纺坯布

图1-4　不同种类的坯布

同一面料的不同丝缕方向在特性方面也存在差异，虽然白坯布使用平纹组织，结构较为稳定，但通常还是经纱方向挺括性好、伸展性低，纬纱方向次之，斜纱方向则柔软、易拉伸变形、悬垂性好，因此在服装结构设计前应思考如何选择面料的丝缕方向，利用面料丝缕的特性差异。如需要挺括造型、避免拉伸的部位，宜选择经向丝缕，如裙腰、直筒裙的裙身等；如需要形态柔和、垂挂造型的部位，宜选择斜向丝缕，如垂褶裙的垂褶部位等。

取料时，除取斜料外，通常采用先打剪口后撕扯的方式完成，以确保取料的边缘为直丝缕或横丝缕（图1-5），然后对白坯布的丝缕进行归正。熨烫平整后，对折布边观察布边的平行状况，判断丝缕的规整程度。当布料呈平行四边形时，可沿短对角线的两头轻微地拉伸使之伸长（图1-6），最终使白坯布呈横平竖直的长方形，才能用于立体裁剪或平面裁剪试样。

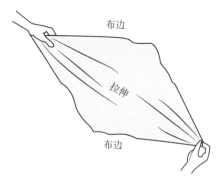

图1-5　坯布的取料　　　　　　　　　　　　　　图1-6　坯布丝缕的规整

三、其他工具和材料

服装结构设计常用的工具如图1-7所示。

（a）剪刀　　　　　　（b）标识线　　　　　　（c）立体裁剪用针　　　　　　（d）针插

（e）铅笔及划粉　　　　　　（f）软尺　　　　　　（g）服装专用刻度尺　　　　　　（h）绘图纸

图1-7　服装结构设计常用的工具

1. **剪刀**　裁剪服装面料用的剪刀应和裁剪纸样用的剪刀区分使用。

2. **标识线**　用来标识人台线与款式线，颜色应与人台表面颜色反差强烈，这样布料覆盖人台后透视明显。宽度以窄为宜，约0.3cm，可减少误差，在粘贴曲率较大的弧线时也比较容易实现顺畅。款式线是针对某一款式一次性使用的，通常与基础标识线颜色有所区分。

3. **立体裁剪用针**　针头尖锐、针杆纤细，便于插入人台和别合衣片，减少对服装造型的影响，主要用于在立裁过程中将坯布固定在人台上，以及试样时衣片与衣片之间的固定连接。

4. **针插** 立裁用针的针插多佩戴在手腕上，方便操作时随时使用立裁针，提高工作效率。

5. **铅笔** 立裁需要在白坯布上绘制线条，应选用2B铅笔。

6. **软尺** 用于人台和人体的尺寸测量，选择时应注意软尺的质地要稳定、不易变形。

7. **服装专用刻度尺** 有刻度的直尺或弧线尺，用于作图和测量尺寸。

8. **绘图纸** 用于立裁时样板的拓印和平面结构制图的白纸或牛皮纸。

9. **其他** 如手缝针线、熨斗、烫台等辅助熨烫和缝制工具。

四、服装平面结构设计符号

服装平面结构设计符号是服装结构结构设计的基本语言，用于准确、规范地表达制图方法，常用符号如表1-4所示。

表1-4 服装平面结构设计符号

图例	名称	图例	名称
——	轮廓线（粗实线）		省道合并
——	辅助线（细实线）		
- - - -	连裁线（粗虚线）		纸样拼合
- - - - -	翻折线（细虚线）		
-·-·-·-	贴边线（粗点画线）		
⌒⌒⌒	等分线（细线）		直角
⌐⌐⌐⌐⌐	车缝明线		
~~	抽褶标记		纸样重叠
↕	经向丝缕		
↓	顺毛方向		褶裥（按斜线由高向低折叠）
■ ● ▲ ◎	等距标记		

思考与练习

1. 按规范粘贴人台的基础标识线并测量关键部位尺寸。

2. 面料丝缕对服装成型效果有什么影响?

3. 为什么立体裁剪取料后需要规整丝缕?

4. 熟记服装平面结构设计符号和含义。

第二章
半裙概述

课程内容: 1. 半裙的廓型分类

2. 半裙的主要造型元素

3. 半裙的腰位

4. 半裙的穿着方式

课题时间: 2课时

教学目的: 阐述半裙的廓型分类、主要造型元素和腰位变化，使学生了解半裙的概念和特点。

教学方式: 讲授、讨论与练习

教学要求: 1. 了解半裙的廓型种类和基本特点

2. 了解半裙的主要造型元素

3. 了解半裙腰位高低的变化对视觉效果的影响

女下装是覆盖女性躯干下身部位的服装总称，主要包括半裙、女裤以及兼具两者特点的裙裤，通过与衬衫、西装、外套等女上衣搭配组合，构成女性着装的整体形象。

裙子在我国历史悠久，相传四千多年前黄帝即定下"上衣下裳"的制度，规定不同地位的人穿着不同颜色的衣裳，其中的"裳"就是裙子。汉代时期上衣短，裙子长，裙子采用"褶裥裙"的形式。在长沙马王堆汉墓中，发现了用四幅素绢拼制而成的完整裙子实物，裙子上窄下宽，呈梯形，裙腰也用素绢制作，裙腰的两端分别延长一截以便系结，整条裙子不用任何纹饰。隋唐时期，上至宫廷下至民间，都喜欢上穿襦下着裙，最流行的便是间色裙。宋代的裙子色彩以素雅为主，裙身宽，褶裥多，纹饰丰富多彩。在明代，百褶长裙很受欢迎，以马面裙为代表。清初则有凤尾裙、月华裙等式样。

在西方服装发展史上，古埃及时代男女用布在腰部缠裹并打结被看成是裙子的起源，16—18世纪，女性的裙子使用裙箍、裙笼人为地夸张裙子的造型。19世纪末，用衬垫取代裙撑加在臀部，形成臀部隆起的裙子造型。20世纪后，女性开始摆脱家庭的束缚进入社会从事各种工作，受运动热潮和社会生活的影响，逐渐演变为实用性和功能性强的裙子。其中裙长的变化具有代表性意义，1947年，法国设计师克里斯汀·迪奥（Christian Dior）发表了新风貌（New Look）的时装，裙子的长度距地面13cm。20世纪60年代英国设计师玛莉官（Mary Quant）首创长度在膝上20cm的迷你裙成为当时时代背景下时尚的引路先锋。

随着纺织服装业的发展，裙子在现代生活中以其品种变化丰富、造型风格多样深受各年龄层女性的喜爱，是日常服装中的常见品类。

在服装构成的三要素（款式、色彩图案和材料）中，任何一个要素的变化都会给服装整体带来无穷的多样性，下面仅从款式要素的角度对裙子进行一个大致的分类，以下是几种比较常见的分类方式。

一、半裙的廓型分类

廓型是指服装外部造型的大致轮廓，它是服装总体印象的决定性因素之一，它进入人们视觉的速度和强度远高于服装的局部细节。

（一）直筒裙

腰臀部较合体，臀围线垂直向下或稍稍内收，恰到好处地勾勒出女性自然的腰臀曲线，给人以端庄稳重、简洁利落的感觉，日常装中的直筒裙长度通常在膝盖上下（图2-1）。

（二）A型裙

从腰部到下摆呈A型展开的廓型，视觉上收缩腰部，弱化胯臀线条，显得自然大方。因下摆较宽，便于行走，裙长可长可短（图2-2）。

图2-1　直筒裙

图2-2　A型裙

（三）T型裙

腰部有褶裥或褶皱，在臀围附近形成蓬松感造型，相比之下裙摆较小，视觉上宽下窄，造型别致（图2-3）。

（四）喇叭裙

仅在腰部比较紧身合体，从腰围到下摆的造型犹如开放中的牵牛花，形如喇叭状，行走时下摆飘逸、弧线优美（图2-4）。

（五）鱼尾裙

臀部围裹，裙摆收紧至膝盖附近后绽放开来，散开的轮廓线形成S型曲线，充分勾勒出女性臀部和大腿处的曲线美，富有柔美浪漫的气息（图2-5）。

图2-3 T型裙

图2-4 喇叭裙

图2-5 鱼尾裙

（六）O型裙

腰部和裙摆处都收小，与中间的宽大膨胀形态形成对比，整体造型丰满圆润，具有休闲、舒适、随意的特点（图2-6）。

图2-6 O型裙

二、半裙的主要造型元素

（一）波浪

波浪能形成自然流畅的曲线轮廓，装饰感强，是女裙中常用的造型元素，通过波浪的拼接位置、疏密程度、边缘线的高低错落等变化，使裙子富有层次感和灵动感（图2-7）。

图2-7 女裙中的波浪元素

（二）分割

与女性腰臀曲线巧妙结合的分割线，既具有塑形功能，又具有极强的装饰性。结合面料拼接、对比色明线等方式，在视觉上使腿部线条更显颀长。分割线的微妙曲弧，富有圆润感和流动性，增加了裙子的柔美感（图2-8）。

图2-8　女裙中的分割元素

（三）抽褶

将面料抽缩形成立体褶皱，使其柔软而富有弹性，也使平面的面料变得立体、生动，有一种有秩序的浮雕般的美感，结合面料的光泽感、飘逸感形成更丰富的肌理视觉效果（图2-9）。

图2-9　女裙中的抽褶元素

（四）褶裥

通过面料的层叠或形成锋利的直线棱角，或形成辐射发散的柔软线条，在保持外观廓型干净利落的同时，增加结构的层次感和肌理感，带来富有节奏感的视觉冲击力（图2-10）。

图2-10 女裙中的褶裥元素

三、半裙的腰位

半裙的腰位除了位于人体腰部最细处的正腰位外，还可以通过提高和降低位置分别形成高腰和低腰造型。

（一）高腰

腰节线的提高有效地拉长了腿部的长度比例，使腿部显得修长。通常将上衣塞进高腰裙腰内，或与超短上衣搭配，充分展露出高腰的视觉效果（图2-11）。

图2-11 高腰半裙

（二）低腰

裙腰低于肚脐下方，常与短上衣搭配，裸露并充分展示人体腰部的曲线美感，根据距离肚脐的低落程度可分为中低腰、低腰和超低腰。日常装中以中低腰和低腰半裙为主（图2-12）。

图2-12　低腰半裙

四、半裙的穿着方式

裙子除了常见的套筒式穿着方式外，还有左右交叠式裹裙，立体感强，体现了随意、休闲的风格（图2-13）。

图2-13　左右交叠式半裙

思考与练习

1. 半裙常见的廓型有哪些？每种廓型各有何特点？
2. 请收集图片资料举例说明半裙有哪些主要造型元素。

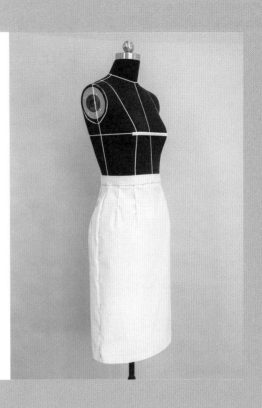

第三章

半裙基本型的
结构设计

课程内容： 1. 半裙基本型的立体裁剪

2. 半裙基本型的平面结构设计

3. 半裙基本型的结构设计原理

课题时间： 6课时

教学目的： 阐述半裙基本型的概念、两种制作方法和结构设计原理，使学生了解掌握半裙基本型的意义，掌握立体裁剪和平面结构设计两种方式获取半裙基本型的方法，同时举一反三了解半裙基本型结构设计的基本方法和规范。

教学方式： 讲授、讨论与练习

教学要求： 1. 了解半裙基本型的概念

2. 掌握半裙基本型立体裁剪的方法

3. 掌握半裙基本型平面结构设计的方法

4. 掌握半裙基本型的结构设计原理

第一节　半裙基本型的立体裁剪

扫一扫

可见教学视频

一、款式分析

半裙基本型又称H型半裙，具备最基础的半裙结构，款式特征如图3-1所示，从腰围到臀围自然呈现人体的腰臀曲面造型，臀围线以下裙身呈直筒状，前后裙片在侧缝线处拼合，拉链位于后中心线，前后身各四个腰省。裙腰为装腰结构，腰头在人体自然腰线处。

二、面料准备

1. **量取人台尺寸**　因为裙子是对称造型，所以在立体裁剪时只做人台右半边的坯样。首先分别量取人台右侧的前臀围（从前中心线量至侧缝线的臀围尺寸）和后臀围（从后中心线量到侧缝线的臀围尺寸），如图3-2所示。

2. **取料并作基础线**　取两块长为裙长+10cm（图3-3中为70cm）、宽为35cm的坯布分别做前后裙片。

（1）绘制前裙片基础线。距右侧边缘2.5cm绘制经向丝缕线作为

图3-1　半裙基本型

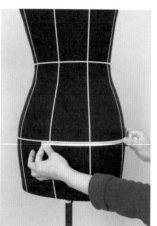

图3-2　量取人台尺寸

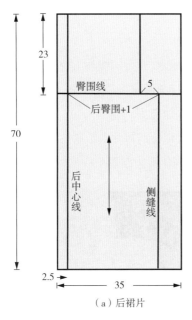
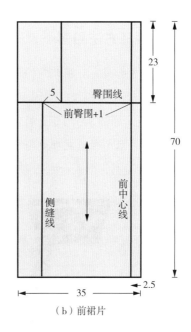

（a）后裙片　　　　　　　　　（b）前裙片

图3-3　作基础线

前中心线，距上边缘23cm绘制纬向丝缕线作为臀围线，取人台上量取的右侧前臀围尺寸加上1cm的松量绘制侧缝线，从臀侧点向中心方向量取5cm作向上的经向丝缕线作为辅助线。

（2）绘制后裙片基础线。距左侧边缘2.5cm绘制经向丝缕线作为后中心线，距上边缘23cm绘制纬向丝缕线作为臀围线，取人台上量取的右侧后臀围尺寸加上1cm的松量，绘制侧缝线，从臀侧点向中心方向量取5cm作向上的经向丝缕线作为辅助线。

3. **别合臀围线以下部分的侧缝线**　将前后裙片都沿着臀围线外侧余布剪开至臀侧点，然后将前后裙片臀围线以下的侧缝线别合在一起，如图3-4所示。

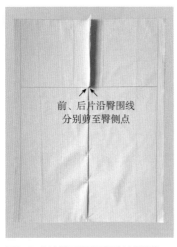

图3-4　别合臀围线以下部分的侧缝线

三、立体裁剪方法和要点

1. **固定前后中心线、臀围线**　将坯布上的前后中心线、臀围线与人台的前后中心线和臀围线对齐并固定，固定臀围线时先固定臀侧点，然后将前后臀围线上的各1cm松量均匀分布，用针沿臀围线固定，如图3-5所示，臀围线以下呈现直筒造型。

2. **固定前裙片经向丝缕辅助线与腰围线的交点**　保持前裙片上绘制的经向辅助丝缕线垂正状态，即不发生歪斜，向人台腰部靠近，固定在腰线位置（图3-6）。

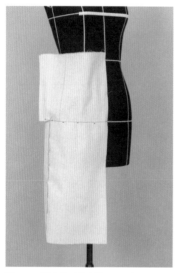

图3-5　固定前后中心线、臀围线

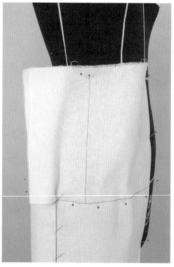

图3-6　固定前裙片经向丝缕辅助线与腰围线的交点

3. **固定后裙片经向丝缕辅助线与腰围线的交点**　同理，后裙片也保持其绘制的经向丝缕辅助线垂正状态，将其固定在与腰围线的交点处（图3-7）。

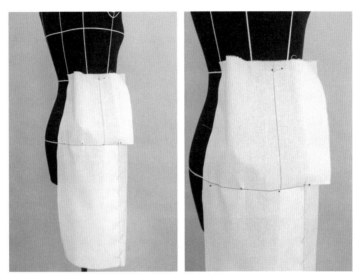

图3-7　固定后裙片经向丝缕辅助线与腰围线的交点

4. **掐别侧缝**　将前后裙片臀围线以上部分的侧缝线沿着人台侧面的轮廓掐别出来，呈自然弧线状，注意保留松量，不要过于紧绷（图3-8）。

5. **别取前、后腰省**　将前裙片腰部的余量分成两份，第一个前腰省位置设置在前公主线处，省道顺着公主线向下稍向侧缝线倾斜，省长至中臀围附近，用针标记省尖点；第二个前腰省位置设置在第一个省与侧缝线的中点处，省长稍短于第一个前腰省，同样用针标记出省尖点（图3-9）。

同理，将后裙片腰部的余量分成两份，第一个后腰省位置设置在后公主线处，省道顺着公主线向下稍向侧缝线倾斜，省长至臀围线上方约5cm处，用针标记省尖点；第二个后腰省位置设置在第一个省与侧缝线的中点处，省长稍短（图3-10）。

6. **做腰围线的标记**　沿着人台的腰围线做标记，其中前中和后中处各一小段水平线，其余为点状标记（图3-11）。

7. **平面确认侧缝线**　将裙片整体从人台取下后，打开侧缝，按照掐别侧缝别针的轨迹，用弧线尺绘制顺畅的侧缝弧线，注意应在臀侧点处与下方的侧缝线连接平滑（图3-12）。

8. **平面确认前后腰省**　对每一个前后腰省，分别用直线将腰部省位两端与省尖相连接（图3-13）。

9. **平面确认腰围线**　将前后腰省按照缝制状态各自别合，靠近腰围线处的侧缝别合一小段，使前后腰围线拼合完整，按照做好的腰围线标记，用圆顺的曲线确认腰围线（图3-14）。

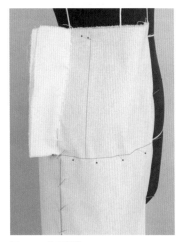

图3-8　掐别侧缝

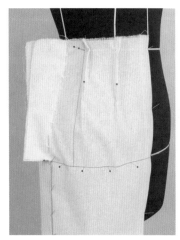

图3-9　别取前腰省

图3-10　别取后腰省

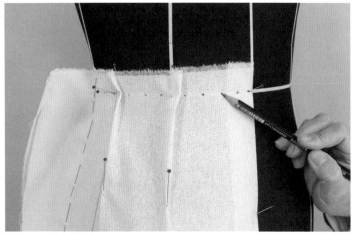

图3-11　做腰围线的标记

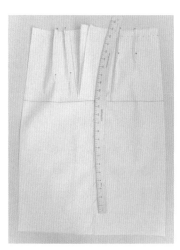

图3-12　平面确认侧缝线

图3-13　平面确认前后腰省

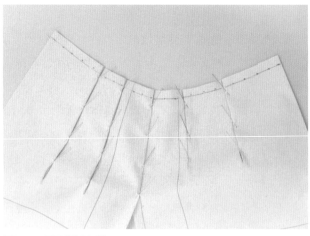

图3-14　平面确认腰围线

10. **装上腰头确认整体造型**　沿着腰围线、侧缝线留取1cm缝份，按照裙长确认裙摆线，留取3cm折边量，腰头取3cm宽，与裙片别合，放上人台固定前后中心线，从正、背、侧面检查整体造型效果（图3-15）。

11. **确认最终样板**　前、后裙片的样板如图3-16所示。

12. **整件坯样的完成着装效果**　如图3-17所示，裙子腰部合体，臀围处有松量，臀围以下呈自然直筒造型。

图3-15　装上腰头确认整体造型

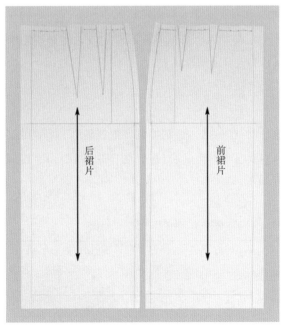

图3-16　确认最终样板

图3-17　整体坯样的完成着装效果

第二节　半裙基本型的平面结构设计

平面结构设计是在服装专用绘图纸上作出结构图，然后按照结构线将面料裁剪成裁片的服装结构设计方法，在制图前必须先进行成衣的规格设计，即在净体尺寸的基础上根据款式特征、面料特性等影响因素加放合适的松量。

一、规格设计

本书中的下装号型统一取160/68A，这是绝大多数服装生产企业的下装母版号型，也就是通常所称的M码。半裙基本型的腰围松量取1cm，臀围松量取4cm，即成品的腰围和臀围尺寸分别为69cm和94cm（表3-1）。

表3-1　半裙基本型的规格设计　　　　　　　　　　　　　　　　单位：cm

号型	部位尺寸	腰围（W）	臀围（H）	腰长	裙长（不含腰头）	腰头宽
160/68A	净体尺寸	68	90	18	—	—
	加放尺寸	1	4	—	—	—
	成衣尺寸	69	94	18	60	3

表3-1中除了围度指标外，还包括两个长度指标：腰长与裙长。腰长是指从腰围线到臀围线的长度，一般在靠近人体侧缝线的位置测量。腰长不需要加放。裙长是指从腰围线向下量至裙子底摆线的长度，裙长尺寸是一个设计值，和流行因素有较大的关联。表3-1中裙长取60cm，对于160cm身高的女性大约可盖住膝盖。裙长、腰长等尺寸均不包含腰头宽。

二、平面结构设计方法和要点

一般左右对称的款式，平面结构设计时只绘制右半身的样板，左半身通过对称的方式得到。制图时先绘制横平竖直的基础线，再绘制曲线形态的结构线（图3-18）。

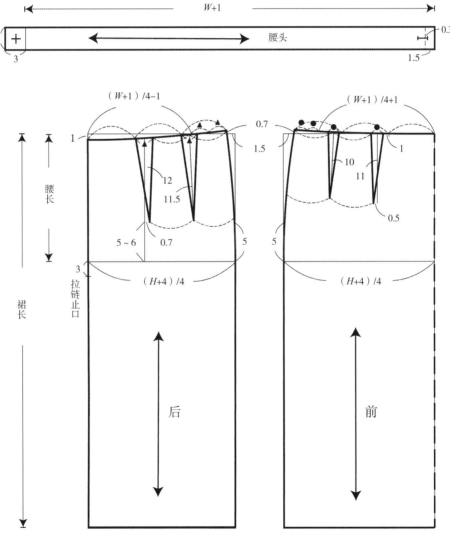

图3-18　半裙基本型平面结构制图

1. **作基础线** 作两个长为裙长（60cm）、宽为23.5cm［$H/4$（22.5cm）+松量/4（1cm）］的长方形。以右侧的长方形为前裙片，右边线是前中心线，左边线是侧缝辅助线；以左侧的长方形为后裙片，左边线是后中心线，右边线是侧缝辅助线。两个长方形的上边线都是腰口辅助线，下边线都是下摆辅助线。

2. **作臀围线** 距长方形的上边线取腰长（18cm）作一条水平线，此线即为臀围线。

3. **定腰侧点** 在前腰辅助线上按照公式（$W+1$）/4+1取点。量取该点到侧缝辅助线之间的距离，由于侧缝收腰量为前、后片在侧缝收腰量的总和，因而不宜过大，在前腰侧缝辅助线处向前中收进1.5cm，然后垂直向上取0.7cm即为前腰侧点。将腰围处的余量二等分，每份标记为"●"用于腰省的制作。为使前后裙片的侧缝曲线一致，便于缝制，在后腰辅助线上收进与前片相等的收腰量1.5cm，并垂直向上取0.7cm即为后腰侧点。

4. **作侧缝线** 从臀围线以上5cm处开始，以符合人体侧面形态的微凸弧线分别连顺前后腰侧点与臀围线以下的侧缝线。

5. **作前腰线** 从前腰中点起，用平顺的弧线连接至前腰侧点。注意前腰中点处需保持直角，侧缝线与前腰线相交的前腰侧点处也需成直角。

6. **作后腰线** 后腰中点下降1cm后，用平顺的弧线连接至后腰侧点。注意后腰中点处需保持直角，侧缝线与后腰线相交的后腰侧点处也需成直角。

7. **作前腰省** 先作靠近中心的前腰省：三等分前腰弧线，取靠近前中的等分点向侧缝方向移1cm作为省道的一侧，取省道大小为腰围余量的1/2，即"●"标记长度，省长约11cm，省尖取中心铅垂后侧缝偏移0.5cm。第二个前腰省位于第一个前腰省与侧缝线的中点，省量与第一个省道相等，省长约10cm，省尖位于第一个省尖与侧缝线的中点位置。

8. **作后腰省** 按照计算公式（$W+1$）/4-1取点，与后腰侧点之间的差值即为后腰省量，将此量分成两份，标记为"▲"。先作靠近后中心的后腰省：三等分后腰弧线，取靠近后中的等分点作为省道的一侧，省量为1/2份后腰省总量，即"▲"标记长度，省长距离臀围线5~6cm，省尖铅垂后向侧缝偏移0.7cm。第二个后腰省位于第一个后腰省与侧缝线的中点。省量与第一个省道相等，省长约11.5cm，省尖位于第一个省尖与侧缝线的中点位置。

9. **腰头** 作宽3cm，长为腰围（69cm）+叠门宽（3cm）的长方形为腰头的净样板。裙腰为连裁结构，应加上与裙片缝合的对位记号。

第三节　半裙基本型的结构设计原理

一、关键部位的松量设定

人体在静态和动态时的体型状态不同，身体表面也会发生一些变化，因此在服装结构设计时需要思考如何解决服装适应人体动态的问题，其关键就在于根据人体的动作体型变化和款式特征加放合适的松量。

作为半裙基本型，其款式特征是贴合人体，因此松量主要用于满足人体下肢的常规动态要求。就日常生活而言，人体下肢的动作主要有迈步、抬腿、下蹲和入座等，这些动作都会使皮肤产生拉伸等变化，也就使人体相关部位的尺寸随之发生了变化。针对人体相关部位动态尺寸的变化需要设置合适的松量。如果松量设定得小了，会影响人体的活动或使人体活动受限。反之，如果松量设定得大了，可能会影响裙子的造型美感，违背款式要求。所以合适的松量既能满足人体日常活动需要，又能符合裙子造型要求。对半裙而言，松量主要是在围度上的增加，包括腰围和臀围。

1. 腰围松量的设定　腰部是半裙的支撑部位，人体动作使腰部体表产生的变化如表3-2所示。

表3-2　腰部的运动形式和平均增量

运动形式	平均增量/cm
席地而坐并90°前屈	2.9（最大变形量）
坐在椅子上	1.5
坐在椅子上并90°前屈	2.7
呼吸和进餐前后	1.5

从表3-2中可知腰部的最大变形量是当人体席地而坐并90°前屈时发生的，平均增量为2.9cm。但因为腰部是裙子的受力支撑部位，如果直接取该数值作为腰围的松量，会由于腰部松量过大而导致裙子无法支撑在理想的位置。同时从人体骨骼构造可知，腰部的骨骼只有腰椎，其余为内脏、肌肉、脂肪等。医学测试表明，腰围缩小2cm后在人体腰部产生的压力并不会对身体产生影响。综合以上因素，裙子的腰围松量一般设定在0~2cm为宜。

2. 臀围松量的设定　臀部是人体下半身最丰满的部位，人体的动作使臀部体表尺寸产生的变化如表3-3所示。

表3-3 臀部的运动形式和平均增量

运动形式	平均增量/cm
席地而坐并90°前屈	4.0（最大变形量）
坐在椅子上	2.6
坐在椅子上前屈	3.5

　　从表3-3中可知臀部的最大变形量是当人体席地而坐并90°前屈时发生的，平均增量为4.0cm。臀部是由骨盆支撑的，因此，在不考虑面料厚度和弹性的前提下，臀围的最小松量为4.0cm，也就是半裙基本型立体裁剪和平面结构制图时所需加放的臀围松量。

二、腰臀差的处理

　　从半裙基本型的立体裁剪过程中可以看到，由于人体的腰部纤细而臀部丰满，当用长方形的布料去围裹时，其围度尺寸满足了臀部及其松量的尺寸要求，就自然会在腰部产生较多的余量。要使腰部也能贴合人台，就必须设法把这些余量处理掉。从腰部到臀部的人体体表是类似椭圆球面的复曲面，要想贴合人体塑造出这一最能体现女性形体美感的复曲面形态，则收省不能集中收于一两处，必须通过多处收省的方式来实现。其原理如同想要塑造出一个球体，则必须借助多个块面才能构造出来一样。因此，需要基本均匀地围绕人体一周来收取这个腰臀差，如图3-19所示。

　　半裙基本型的造型原理就是利用侧缝线和前后各两个腰省，以均衡美观的方式实现分解

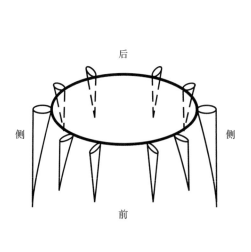
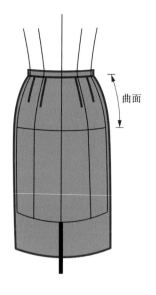

图3-19　半裙基本型的腰臀差处理原理

处理腰臀差的目的和要求，从而塑造出从腰围线到臀围线的立体形态，臀围线以下用长方形构造出圆柱形。

三、前后腰省的造型特点

腰省作为省道包括三个组成要素：省位、省量和省长（或省尖位置）。立体裁剪中前后裙片的第一个腰省分别设置在前后公主线位置，通过观察人体可知前后中心处人体比较平，公主线位置是开始转折形成立体曲面的位置，因此将省道设置在此处符合立体特征。第二个腰省则设置在第一个腰省与侧缝线的中点处，既符合人体曲面形态的要求，又在视觉上形成均衡。

省量的大小通过立体裁剪可知，由于后腰纤细、后臀丰满，后裙片的腰臀差大于前裙片，后腰省量自然就大于前腰省量。

省道的长度或省尖位置取决于腹部和臀部的凸出位置。人体的腰臀部如同一个倒置的鸡蛋形，前面的腹凸靠上，大约在人体腰长一半的位置，所以前腰省的长度一般取腹围处，即 9～10cm；后面的臀凸靠下，则后腰省的长度较长，一般取臀围线以上5～6cm。同时，腹部和臀部都有立体的弧面形态，因此，靠近前中心线和后中心线的腰省稍长一些，靠近侧缝线的腰省相对短一些。前后腰省的这些处理方式和要素特点在结构设计中都有相应的表达和展现。

四、半裙基本型平面样板的结构分析

1. **前后臀围、腰围尺寸**　在平面结构制图时，前后臀围尺寸都取（$H/4+1$）cm，而前后腰围尺寸用到了前后差（1cm），即后腰围减去了1cm，前腰围加上了1cm。为什么要这样处理呢？从人体纵向的形态来观察人体腰臀部的特征，可以看出人体躯干后中心的脊柱呈S型，后腰明显凹进，同时腹部相对平坦而臀部丰满，造成了腰围断面相对靠前，而臀围断面相对靠后的形态。即人体的腰围与臀围水平断面的中心并不在同一条铅垂线上，当前后臀围取相等时，必然前腰围大于后腰围，也就是制图时用到的腰围前后差，通常取0.5～1cm，体现出人体前后立面的体型差异。

2. **前后侧缝线撇量**　在作前后侧缝线时，取1.5cm的位置起翘后绘制成符合人体侧面弧形的侧缝线。前后侧缝线等长便于缝制，一般侧缝线的撇量不超过2cm，以免侧缝曲率过大，在臀侧形成不自然的凸起。也可以在前后侧缝线各取前后腰臀差的1/3份作为撇掉量，这样后侧缝弧线会稍长一些，在缝制时需要以吃势的方式缝合。总之，当前后侧缝线拼合时，会包含约1/3份的前后腰臀差之和。

如前所述，前裙片的腰臀差较小，后裙片的腰臀差较大；靠近前后中心线的局部腰臀差小，而靠近侧面的局部腰臀差较大，因此，原型裙的前后中心线附近不需要腰省，腰侧处则利用侧缝线来处理腰臀差，侧缝处去除的约1/3前后腰臀差之和就是用来构造曲率变化较大的人体侧面。

3. 后腰围线下落　作后腰围线时，后腰中点下落了1cm，而前腰中点不下落，这还是得从人体形态上来分析。从侧面看，人体的腹部前凸，而臀部略有下垂，使后腰部至臀部之间略有凹进，呈S型。腹部的隆起使前裙腰向上移，后腰下部的平坦使后腰中心处下落，一般下落0.5～1.5cm（通常取1cm），这样能使裙子的后腰部处于良好的稳定状态。

4. 前后腰省的造型　腰省的位置在制图时基本上以前后腰围的三等分点为基准，往侧缝线方向稍做了偏移。前后腰存在前后差，因此靠近前中心线的前腰省一侧偏移量稍大于靠近后中心线的后腰省，这两个腰省的省尖在制图时也略微倾斜，是为了符合人体从腰到臀逐渐丰满的体型特征，使之在裙片的外观上体现出腰臀比例。靠近侧缝线的腰省则重在体现均衡，在腰线和省尖位置上都取中点位置。

综上所述，半裙基本型的结构原理是利用侧缝线和前后腰省合理分配了腰臀差，并将前后腰省分别放置在美观均衡的位置上，前后省尖分别指向人体的腹凸和臀凸，由此模拟出与人体腰臀体表近似的椭球形复曲面。

5. H型裙的下摆量　半裙基本型的裙摆与臀围围度尺寸一样且闭合成圈，会产生行走不便等问题，在此基础上通过设计开衩或褶裥等弥补其下摆围不足的缺陷，使之能满足人体基本步行的功能，就成为紧身裙。日常生活中常见的西装裙、一步裙和窄摆裙等都属于这类造型。

当人体行走时，两脚间产生的前后距离为步幅。表3-4中是一般女性以平均步幅67cm行走时，下肢各部位所需要的围度，从中可以看出，随着裙长的增加，下摆围必须随之增大才能满足人体的需要（表3-4、图3-20）。

表3-4　下肢各部位所需围度

围度	平均数据/cm
步幅	67
膝围线上10cm	94
膝围处	100
小腿上部	126
小腿下部	134
脚踝	146

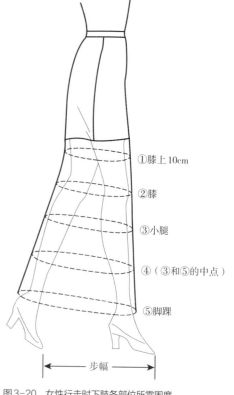

①膝上10cm

②膝

③小腿

④（③和⑤的中点）

⑤脚踝

步幅

图3-20　女性行走时下肢各部位所需围度

当裙长很短，在膝盖以上10cm位置时，需要下摆围94cm，同半裙基本型的臀围尺寸，因此双腿行走没有受到很大的束缚，可以不设开衩。当裙长较长时，则需要在下摆设置开衩，开衩的位置和方式根据服装款式风格的不同可以有多种形式，如在后中设置叠衩，开衩高度一般不高于臀围线以下20cm（图3-21、图3-22）。类似旗袍风格的窄摆裙等可以直接在侧缝线开衩，开衩的缝止点比较高。休闲风格的直裙往往在前中心线或后中心线开衩，两侧互不搭缝。除了开衩外，也可以用暗裥等方式来增加下摆的不足量。

图3-21 后中开衩设计

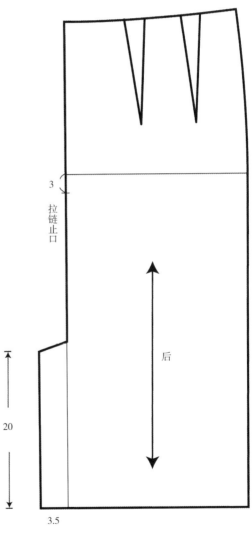

图3-22 后中开衩的平面制图

033

思考与练习

1. 立体裁剪半裙基本型时设置辅助经向丝缕线的目的和作用是什么？

2. 人体的前后腰臀体型特征如何体现在半裙基本型的样板上？

3. 半裙基本型的前后腰省在省量、省位和省尖上具体有何差异？为什么？

4. 用立体裁剪和平面结构设计两种方法制作半裙基本型，并比较分析各自的优势。

第四章

半裙廓型变化的
结构设计

课程内容：1. A型裙的结构设计

2. O型裙的结构设计

3. T型裙的结构设计

4. 鱼尾裙的结构设计

课题时间：8课时

教学目的：主要阐述半裙廓型变化的原理、规则和方法，让学生理解半裙廓型与人体的关系，掌握立体裁剪中各廓型半裙结构平衡的控制要点，理解半裙廓型的平面结构设计原理和规律。

教学方式：讲授、讨论与练习

教学要求：1. 掌握A型裙、O型裙、T型裙和鱼尾裙的立体裁剪方法

2. 掌握从基本型半裙转化成各廓型半裙的原理和方法

3. 理解廓型变化过程中半裙基本型腰省处理的原理和方法

A型、波浪型、O型、T型和鱼尾型构成了半裙的廓型变化，其结构设计的方法也各有特点。本章先采用立体裁剪的方式，用坯布在人台上以立体、直观的状态实现裙子的立体造型、获得裙片样板，揭示裙子廓型与人体的关系、裙身结构平衡的控制与把握方法等要点；在此基础上分析裙子廓型的平面结构设计原理和规律，作为后续平面结构设计拓展的基础。其中波浪廓型请见第五章的高腰波浪裙。

第一节　A型裙的结构设计

扫一扫
可见教学视频

一、款式分析

裙摆稍稍向外扩张，呈现A字形态，便于行走等活动，又称半紧身裙。腰部采用育克造型，前片育克线呈折线状，后片育克线平行于后腰线，下方有省道，整体简洁大方（图4-1、图4-2）。

图4-1　A型裙（前）

图4-2　A型裙（后）

二、人台准备

需粘贴出人台右半边的育克线造型，起始于前中心线中臀围处，以微弧的曲线斜向上交于侧缝线后，平行于后腰围线至后中心线，注意线条整体顺畅。并贴出后片的省道位置，可设置在公主线处，如图4-3、图4-4所示。

三、面料准备

取两块长24cm、宽35cm的坯

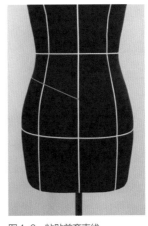 

图4-3　粘贴前育克线　　　　　图4-4　粘贴后育克线和省道

布分别做前、后育克片（注意丝缕取向），两块长70cm、宽40cm的坯布分别做前、后裙片（图4-5）。

（1）绘制育克片基础线。前育克片距右侧边缘2.5cm处绘制经向丝缕线作为前中心线，后育克片距左侧边缘2.5cm处绘制经向丝缕线作为后中心线。

（2）绘制前后裙片基础线。距上边缘20cm绘制纬向丝缕线作为前后裙片的臀围线，前裙片距右侧边缘2.5cm处绘制经向丝缕线作为前中心线，后裙片距左侧边缘2.5cm处绘制经向丝缕线作为后中心线。

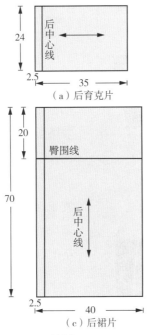 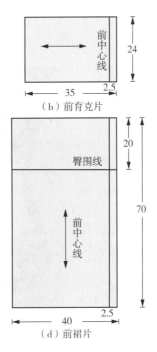

图4-5　面料准备

四、立体裁剪方法和要点

（1）将前育克片对齐前中心线，在育克线下方留出约2.5cm后，将余布留取在腰围线上方，固定前中心线（图4-6）。

（2）沿着腰围线抚平约5cm，用针固定。因为腰部是人体的凹陷部位，要贴合人体必须打入剪口，如图4-7所示。从上方打剪口至腰线0.7cm处，上方余布自然张开形成小豁口。抚平育克线约5cm，固定后打剪口。

（3）继续分别沿着腰围线和育克线上下同步抚平、用针固定、打剪口，使布料自然贴合人体，既不紧绷，也不塌陷松弛，直至侧缝线（图4-8）。

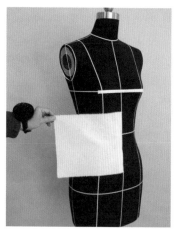

图4-6　固定前中心线

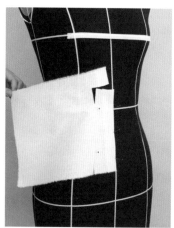

图4-7　打剪口

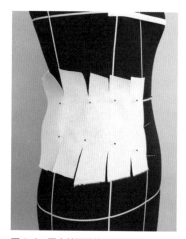

图4-8　固定前腰围线和前育克线

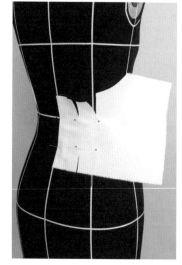

图4-9　固定后腰围线和后育克线

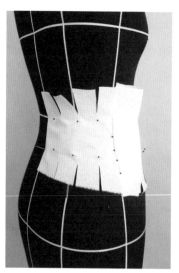

图4-10　掐别侧缝线

（4）同理，将后育克片放上人台，后中心线对齐，大部分余布在腰围线以上，沿着腰围线和育克线分别抚平、用针固定、打剪口，虽然臀部的臀凸很大，但与腰部的过渡较缓和，因此育克片的局部块面仍可基本贴合。同时将上方的余布粗剪，继续操作直至侧缝线。将前、后育克片的侧缝线沿着人台掐别出来（图4-9、图4-10）。

（5）分别沿着腰围线和育克线做标记，前腰中点、后腰中点处一小段为水平线，其余为点标记。取下后，先按照掐别的侧缝标记将前、后侧缝线进行平面确认；然后将前、后侧缝线别合，以便绘制出完整的腰围线和育克线（图4-11、图4-12）。

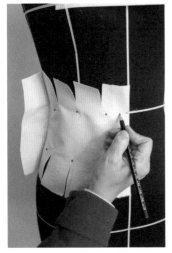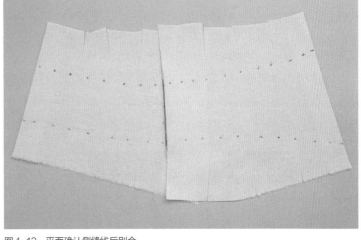

图4-11　做标记　　　　　　　　图4-12　平面确认侧缝线后别合

（6）按照所做的标记点平面确认出顺畅的腰围线和育克线，放缝1cm后修剪余布，放回人台固定前、后中心线检查立体效果（图4-13、图4-14）。

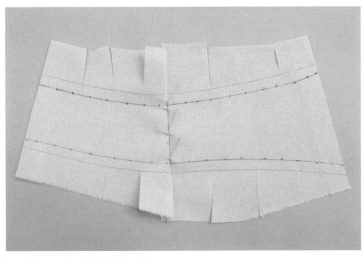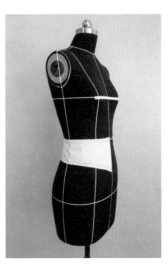

图4-13　平面确认腰围线和育克线　　　　　　　　图4-14　检查育克立体效果

（7）将前裙片对齐前中心线和臀围线的交点后固定整条前中心线，从图4-15中可以看出，在侧缝线处将坯布上的臀围线往下压，使坯布上的臀围线低于人台的臀围线，裙摆自然就向外扩展，育克线处基本平顺贴合人台。在坯布上贴出顺畅的侧缝线造型，除靠近育克线处因与人体贴合稍有弧线形外，下方则因远离人体，应为直线形。臀围处的松量明显大于基本型半裙，观察裙子正面视觉效果的A型立体形态。

> **Tips：** 坯布上的臀围线下压量直接决定了裙摆A型的扩展效果，下压量越大，裙摆就越大。如果下压量小，裙摆则小，此时前裙片在育克线处会有少量余量，此余量可以处理成吃势。

（8）同理，将后裙片对齐后中心线和臀围线的交点后固定整条后中心线，在侧缝线处同样将坯布上的臀围线往下压，使后裙片臀围线与人台臀围线之间的下降量与前裙片的下降量相同，固定在臀侧点（图4-16、图4-17）。

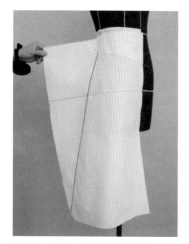

图4-15　粘贴A型廓型的前侧缝线

图4-16　固定后裙片的臀侧点

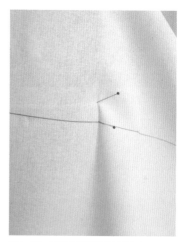

图4-17　后裙片臀围线的下降量

（9）将后裙片的侧缝线也用色胶带贴出，下摆处的加摆量与前裙片相同，同理，整条侧缝线除臀围线上方稍有弧线形外，下方为直线形。此时可以发现在后育克线处还会存在余量，将此余量在粘贴的省道位置别出，省尖在臀围线上方5~6cm处，如图4-18、图4-19所示。

> **Tips：** 在服装的立体裁剪中，除特殊造型需要外，通常将贴合人体部位的服装结构线处理成与该部位立体形态相符合的弧线形，在造型远离人体的服装区域，其结构线则直接取直线形。

（10）将前、后裙片的侧缝线别合后，沿着育克线和粘贴的侧缝线进行粗剪，此时裙子的整体廓型已经呈现出来，如需微调下摆量等造型因素，可以重新粘贴侧缝线以及调整后省道量（图4-20）。

图4-18　粘贴后侧缝线　　　　图4-19　别取后腰省　　　　图4-20　粗剪确认整体A型廓型

（11）裙子的整体A型廓型满意后，再确定裙长，从臀围线向下量取前后一样的裙长，分别在前后裙片上粘贴出裙摆线，与侧缝线相交成直角（图4-21、图4-22）。

（12）在前、后裙片上沿着前、后育克线做好点标记，后裙片上的省道和省尖位置也需标记好（图4-23）。

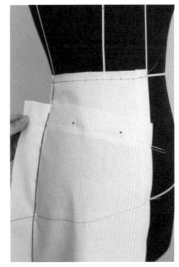

图4-21　确定前裙长　　　　图4-22　确定后裙长　　　　图4-23　做育克线标记

（13）保持后腰省处于别合状态，从人台上取下前、后裙片。首先平面确认侧缝线，放缝并修剪缝份（图4-24）。

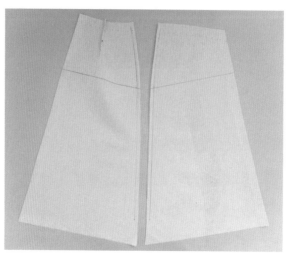

图4-24　平面确认侧缝线

（14）后腰省依据省道位置和省尖点标记确认省道线后别好，再将前、后裙片的侧缝别合，在整条腰围线完整的状态下平面确认腰围线（图4-25）。

（15）最后平面确认裙摆线，以底摆标记点为参考绘制顺畅的底摆弧线，如图4-26中的胶带所示。

（16）下摆留取3cm折边量后，修剪余布并熨烫折边。将育克盖别在裙片上，别合侧缝，重新放置到人台上进行检验（图4-27、图4-28）。

图4-25　平面确认腰围线

图4-26　平面确认裙摆线

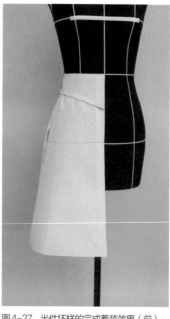

图4-27　半件坯样的完成着装效果（前）

图4-28　半件坯样的完成着装效果（后）

（17）立体造型得到的样板包括前裙片、后裙片、前育克和后育克共4片。因为是无腰头的款式，育克部分在工艺上需要补充贴边，贴边样板与育克样板相同，做镜像处理即可（图4-29）。

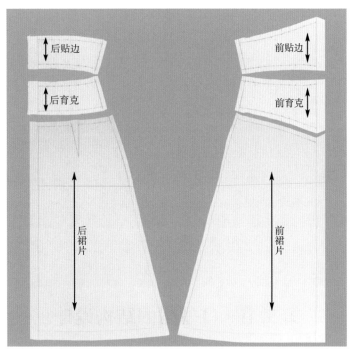

图4-29　确认最终样板

五、平面结构设计原理分析

A型裙的立体裁剪过程体现了从基本型半裙转化成A型裙的关键点，即在侧缝线处将坯布上的臀围线往下压，这样就会将腰部中的一部分余量转移到下摆，使之成为下摆的扩张量，裙子的整体廓型随之呈现A型，腰部的余量减少后，腰省的数量就由原来的两个减少成了一个，当有育克线经过省尖时，可将省量转移至育克线。

以前裙片为例分析A型裙的平面纸样设计原理：首先，为了不大幅改变臀围的尺寸，将原腰省的省尖设置到臀围线上（图4-30）。其次，从省尖垂直向下作辅助线至下摆，沿辅助线剪开，两个腰省各闭合1/2的省量，在下摆处自然形成展开量（图4-31），同时侧缝也适当加摆平衡。将其余各1/2的省量合并

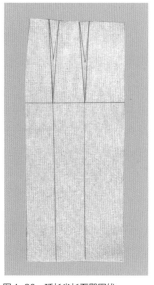

图4-30　延长省长至臀围线

成一个省，放在美观的位置上，一般取中点附近（图4-32）。前裙片的育克分割线经过省尖位置，对腰省进行闭合，将其转移到育克线中（图4-33），修正弧线即得育克片。

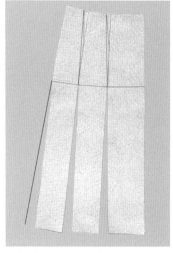

图4-31 闭合部分省量

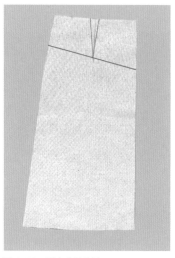

图4-32 剩余省量合并

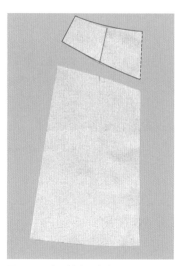

图4-33 省量转移至育克线

第二节　O型裙的结构设计

扫一扫
可见教学视频

一、款式分析

O型裙由表、里两层组成，表层裙的下摆大而长，与里层裙小而短的下摆缝合在一起后呈现自然膨胀、皱褶的效果，外观独特有趣，又称南瓜裙或气球裙（图4-34、图4-35）。

二、人台准备

腰头宽度取5cm，粘贴出腰头的上下止口线（图4-36、图4-37）。

图4-34 O型裙正侧面

图4-35 O型裙背侧面

三、面料准备

取两块长45cm、宽33cm的坯布分别做前、后里裙片，两块长65cm、宽70cm的坯布分别做前、后裙片。

（1）绘制里裙片基础线。前里裙片距右侧边缘2.5cm处绘制经向丝缕线作为前中心线，后里裙片距左侧边缘2.5cm处绘制经向丝缕线作为后中心线。

（2）绘制前后裙片基础线。

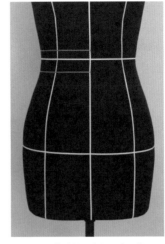

图4-36　粘贴前腰头上下止口线　　图4-37　粘贴后腰头上下止口线

距上边缘30cm绘制纬向丝缕线作为前、后裙片的臀围线，前裙片距右侧边缘2.5cm处绘制经向丝缕线作为前中心线，后裙片距左侧边缘2.5cm处绘制经向丝缕线作为后中心线（图4-38）。

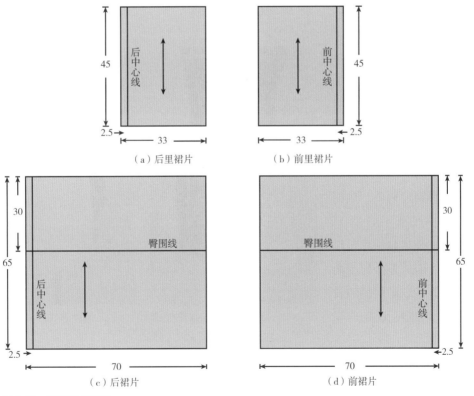

图4-38　绘制裙片基础线

四、立体裁剪方法和要点

（1）在塑造外部裙型前，需要先做用于保型和承重的里裙，用第四章第一节A型裙的立体裁剪方法，臀围线下压，使侧缝摆量呈现A型，将腰部的余量别成腰省（图4-39、图4-40）。

（2）同理，将后里裙片也立体裁剪成A型造型，腰部余量别成一个后腰省（图4-41）。

 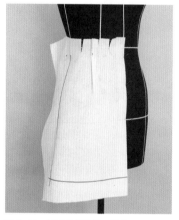 

图4-39　立体放摆别取腰省　　　图4-40　粘贴前侧缝线下摆线　　　图4-41　粘贴后侧缝线下摆线

（3）将里裙的前后裙片做好腰围线标记后取下，平面确认前后侧缝线、前后腰省；别合侧缝后确认腰围线和下摆线，可参照A型裙中的详细操作方法。修剪所有缝份后将前后裙片别合，放回人台（图4-42、图4-43）。

（4）如图4-44所示，用皮尺模拟表裙在下摆处的曲面造型，估算表裙所需的长度，约需比里裙长10cm。

 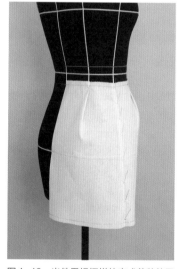

图4-42　半件里裙坯样的完成着装效果（前）　　　图4-43　半件里裙坯样的完成着装效果（侧后）

Tips：模拟获取表、里裙的长度差时，应将皮尺仅固定在腰部和里裙底摆，让皮尺自然弯曲成表裙的蓬松状，取表裙成型后的长度比里裙长2~3cm，这样表裙底端的皱褶效果最佳。

（5）将前裙片对齐前中心线和臀围线的交点后固定整条前中心线，该款式在腰部也有少量的碎褶，因此在腰口线、臀围线处分别推出所需的抽褶量后用针固定（图4-45）。款式造型需要裙摆处的抽褶量明显多于腰线处的抽褶量，因此这两处推出的褶量也有所差异（图4-46）。

> **Tips：**也可以不在臀围线上，而是选择在人台的下边缘处推出褶量用针固定，只要在同一水平线上即可，以方便各点取相同的褶量。

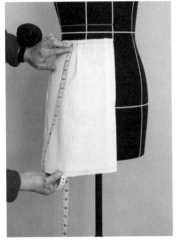 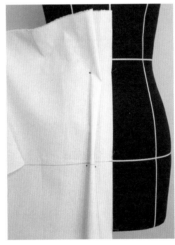 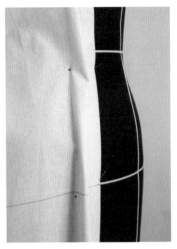

图4-44　模拟表裙下摆处的曲面造型　　图4-45　推出抽褶量　　图4-46　臀围线腰口线处褶量的差异

（6）靠近公主线位置继续在腰口线和臀围线处分别推出各自的抽褶量（同第一处的褶量），由于推出的褶量上少下多，从图4-47中可以看出坯布上的臀围线逐渐下挂，从腰口线上方的余布也可看出此变化。

（7）继续以上推量固定，并且在推出上下褶量时切记布料不能发生扭曲，直至侧缝线，粗剪侧缝余布（图4-48）。

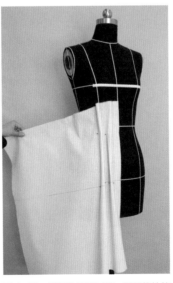 

图4-47　继续推出腰口线、臀围线处的褶量　　图4-48　粗剪侧缝余布

Tips：因为人体存在腰臀差，在确定推出褶量的位置点时，应上下对应，如腰围公主线处对应臀围公主线处；腰围上的3/4处对应臀围上的3/4处，依次类推，以确保整体造型的均衡。

（8）同理，将后裙片对齐后中心线和臀围线的交点后固定整条后中心线，在后腰口线和后臀围线处也做同样的均衡定点，在各点推出相同的上少下多褶量后用针固定，直至侧缝线（图4-49、图4-50）。

（9）粘贴出前后裙片的侧缝线，除腰点外裙身远离人体，因此该侧缝线为一条直线，即从侧腰点到侧摆量的直线，如图4-51所示。

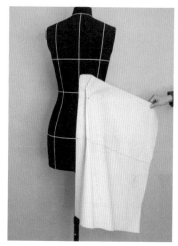  

图4-49　固定后裙片腰口线臀围线褶量　　图4-50　均衡定点推出褶量　　图4-51　粘贴侧缝线

图4-52　借助织带整理细褶

（10）用一条细织带将腰部的褶量沿着腰围线勒出，以便整理细褶形态（图4-52）。

（11）由于下摆褶量较大，为了更准确地确定裙摆线，如图4-53、图4-54所示，定好前中心线处的裙长后，用L型尺从地面量取同一水平高度，用针在裙摆上水平别出。

（12）按照下摆水平别针的轨迹粘贴出顺畅的裙摆线（图4-55）。

（13）将织带做好腰口线的细密状点标记后，从人台上取下，分别确认侧缝线、腰口线和下摆线，均留取1cm缝份后修剪（图4-56、图4-57）。

（14）用手针在缝份内距离净线0.2cm处缝线（图4-58、图4-59）。

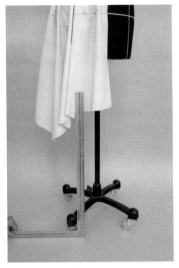

图4-53　确定裙长

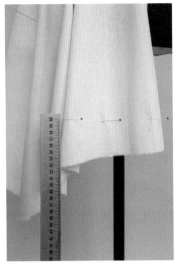

图4-54　别出裙摆线

图4-55　粘贴裙摆线

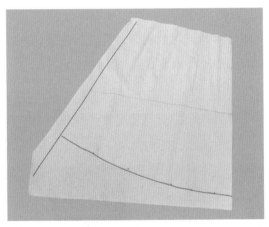

图4-56　做好腰口线标记后取下

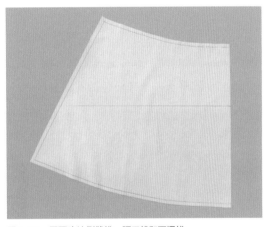

图4-57　平面确认侧缝线、腰口线和下摆线

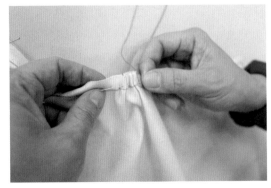

图4-58　手针缝线

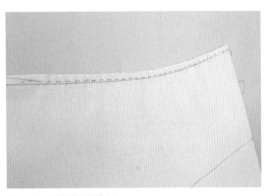

图4-59　手缝线距净线0.2cm

图4-60　抽缩表裙的腰口线和下摆线

（15）将表裙的腰口线和下摆线分别缝线后进行抽缩（图4-60）。在抽缩前为使抽缩效果均匀，需增加除侧缝线外的对位点，在前后表里裙的腰口线和下摆线分别按比例定点，如表裙前腰线长度的1/2点对位于里裙前腰线长度的1/2点，表裙前下摆线的1/3点对位于里裙前下摆线的1/3点，依次类推。将下摆线与里裙按对位点别合（图4-61）。

Tips：对位点是用于缝纫时点与点一一对应的位置确认，以获得理想的缝制结果，尤其是当两片缝料存在较大的长度差或曲率差时。此例中如无对位点，就可能存在碎褶抽缩的疏密不匀问题，影响最终造型效果。

（16）将表裙的腰口线抽缩成细褶后，与里裙按对位点对位别合，放上人台进行整理（图4-62）。最后装上5cm宽的腰头，放上人台检验半件样裙的着装效果（图4-63）。

（17）除腰头外，样板包括前后表里裙片共四片（图4-64）。

图4-61　别合表裙、里裙的下摆线

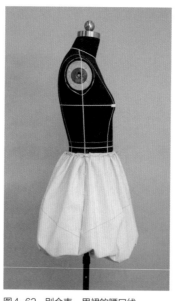

图4-62　别合表、里裙的腰口线

图4-63　半件坯样的完成着装效果

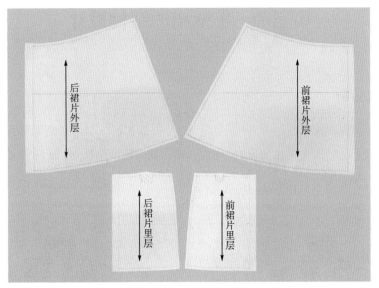

图4-64　确认最终样板

五、平面结构设计原理分析

O型裙的立体裁剪过程中充分表达了O型裙表裙的成型原理，以前裙片为例，首先将基本型半裙的腰部省道量以及侧缝线的撇量全部保留用于腰部碎褶（图4-65）。在此基础上，还需增加腰部和下摆处的碎褶量才能实现造型，因此要进行切展，加入纵向的切展线（图4-66）。在展开时，因为下摆处需要增加的碎褶量大，而腰围处需要增加的碎褶量小，所以展开量上小下大（图4-67）。

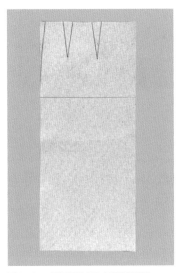

图4-65　保留腰省量和侧缝线撇量

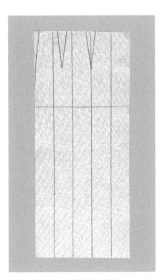

图4-66　加入纵向切展线

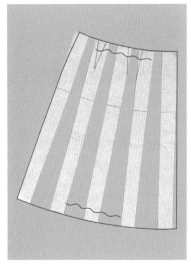

图4-67　沿切展线加入上小下大的碎褶量

扫一扫
可见教学视频

第三节　T型裙的结构设计

一、款式分析

　　T型裙前后腰部的多个工字褶裥自然张开，使臀部扩张，与之形成强烈视觉对比的是窄小的下摆，上大下小的廓型犹如字母T。为充分展示款式的造型特点，此款半裙适宜选用稍硬挺的面料（图4-68、图4-69）。

图4-68　T型裙（前）

图4-69　T型裙（后）

二、面料准备

　　取两块长75cm、宽60cm的坯布分别做前、后裙片（图4-70）。距上边缘25cm绘制纬向丝缕线作为前后裙片的臀围线，前裙片距右侧边缘2.5cm处绘制经向丝缕线作为前中心线，后裙片距左侧边缘2.5cm处绘制经向丝缕线作为后中心线。

　　对于此款半裙造型而言，白坯布硬挺度有所欠缺，可采用背面熨烫黏合衬的方式提高其硬挺度。

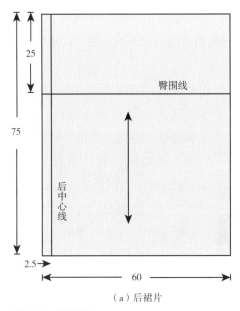

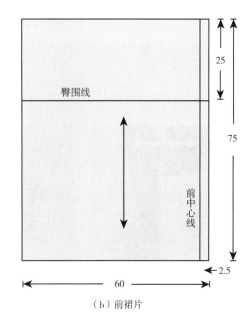

（a）后裙片　　　　　　　　　　　　　　　　（b）前裙片

图4-70 面料准备

三、立体裁剪方法和要点

（1）将前裙片对齐人台上前中心线与臀围线的交点后，固定整条前中心线。将坯布围绕人台在后上方提起，使下摆收小，形成上大下小的T型，如图4-71所示。

> Tips：T型裙的造型主要通过臀部的最外扩点和收窄的下摆最外侧点之间的对比产生，因此，在将坯布围绕人台后，观察和把控这两个点是关键，通过改变上边缘处距离人台的远近来调整臀围处的扩展量，改变后上方的提起量来观察裙摆的大小。上边缘距离人台越远，臀围处就越扩张；后上方提起量越多，裙摆就越小。

（2）在前中心线上量取裙长（55cm）后，用胶带贴一段水平线，在下方留出约3cm后平行剪入（图4-72）。

（3）在腰节的公主线位置折叠出腰部的褶裥量，T型裙造型上下对比越强烈，褶裥量就越大，为使褶裥造型自然，可一手固定住底摆线的对应位置点，另一手在腰部捏出褶裥，使褶裥自然朝向底摆渐渐消失，如图4-73所示。

（4）继续在底摆处贴出一段水平底摆线，平行剪入打剪

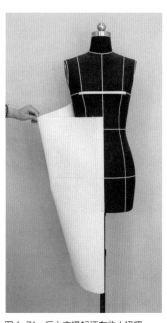

图4-71 后上方提起坯布收小裙摆

口，双手配合，在公主线与侧缝线的中间位置折叠出第二个褶裥量，与第一个褶裥量保持一致，同样使该褶裥朝向底摆渐渐消失。用色胶带贴出顺畅的侧缝线以及剩余的一段水平底摆线，粗剪余布（图4-74、图4-75）。

（5）用同样的方法对后裙片进行立体造型，固定后中心线后，量取裙长贴出一段水平底摆线，下方剪入打剪口，双手配合在后公主线位置推出褶裥量，使褶裥自然，不发生扭曲（图4-76）。

（6）将后裙片的第二个褶裥量设置在后公主线到侧缝线的中间位置（图4-77）。

（7）完成后裙片的侧缝线和完整的下摆水平线，与前裙片一起构造出整体的T型廓型（图4-78、图4-79）。

（8）将腰部的褶裥量整理成左右对称的工字暗裥造型，使腰部合体，由于面料较硬挺，稍稍下压褶裥中心，褶裥末端会自然张开，在臀围上方形成扩张的曲面形态。整体和细节如图4-80、图4-81所示。

（9）整理完成前后裙片的四个工字暗裥后，将每个褶裥都做好标记，然后在裙片上贴出水平的腰围线，准确做好腰围线的标记（图4-82）。

（10）保持褶裥处于别合状态，从人台上取下裙子，逐个打开褶裥进行平面确认，再将褶裥一一别合还原，平面确认腰围线和下摆线，修剪余布（图4-83）。

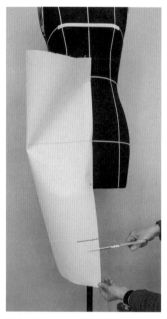

图4-72 量取裙长贴线后剪入

图4-73 双手配合捏出腰部褶裥

图4-74 双手配合捏出第二个褶裥量

图4-75 粘贴侧缝线

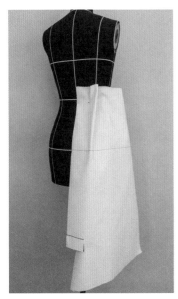

图4-76　捏出后裙片的第一个褶裥

图4-77　捏出后裙片的第二个褶裥

图4-78　粘贴后侧缝线

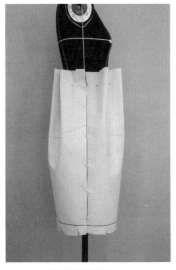

图4-79　前后侧缝线别合

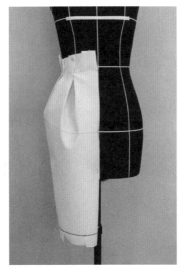

图4-80　整理成工字暗裥

图4-81　工字暗裥细节

Tips：下摆线在人台上是水平状的，而坯布上的结构线呈现出来的是向下弯曲的弧线，T型上大下小的差异度越大，下摆线就越向下弯曲。

（11）装上3cm宽的腰头后放回人台，半件样裙的正背面着装效果如图4-84、图4-85所示。

（12）通过立体裁剪得到的前裙片和后裙片样板如图4-86所示。

图4-82　粘贴腰围线

图4-83　平面确认腰围线

图4-84　半件坯样的完成着装效果（前）

图4-85　半件坯样的完成着装效果（后）

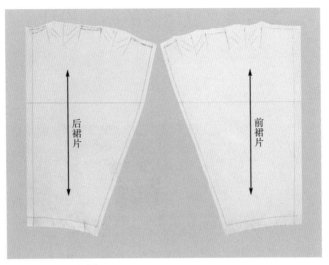

图4-86　确认最终样板

四、平面结构设计原理分析

与O型裙正相反，T型裙需要把裙摆收小。从基本型半裙的腰省省尖向下做垂线到下摆，作为切展线（图4-87）。然后将下摆处稍稍重叠使之收小，同时为了夸大上大下小的对比实现T型廓型，在腰部展开较大的量，最后腰部的原省道量和展开量一起成为工字褶量（图4-88）。

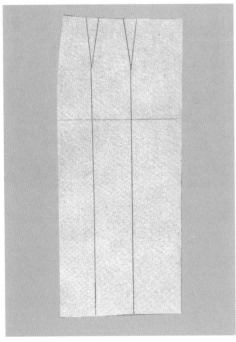

图4-87　省尖向下做垂线

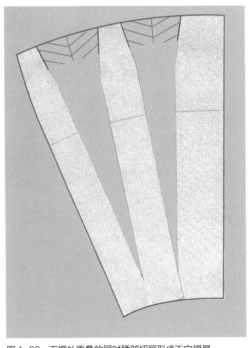

图4-88　下摆处重叠的同时腰部切展形成工字褶量

扫一扫
可见教学视频

第四节　鱼尾裙的结构设计

一、款式分析

这款裙子由八片组成，上部贴合人体，充分勾勒出女性腰臀部和大腿部的优美曲线，裙摆处扩展的廓型线形如鱼尾，上紧下展的对比富有视觉冲击力，充分展现了鱼尾裙的柔美感和灵动感（图4-89、图4-90）。

二、人台准备

此款除3cm宽的腰头外，还需确定前后裙片的纵向分割线位置，如对人台上原有的基础公主线比例满意也可直接使用，如想微调分割的比例效果则需重新粘贴。如图4-91、图4-92所示，用红色胶带作为此款的分割线，微调了各片之间的比例及各片的腰臀差细部比例。如后分割线比基础公主线在腰部往后中心方向做了少量的移动，加大了后中片的腰臀差，这样更有利于突出后腰的纤细，这也正是服装结构线的重要作用。

图4-89　鱼尾裙（前）

图4-90　鱼尾裙（后）

图4-91　人台正面分割线

图4-92　人台背面分割线

Tips：有多条分割线将服装分割成多个块面时，重点关注位于视觉中心区域块面的比例、形状等造型元素。在此例中，前后中片的视觉效果优先考虑，兼顾前后侧片的平衡。

三、面料准备

1. **量取人台尺寸**　在臀围线上量取人台右侧各片（即后中片、后侧片、前侧片和前中片）的臀围尺寸，分别用字母 a、b、c、d 表示。

2. **取料并作基础线**　取四块长为裙长 +10cm（图例中为75cm）、宽为35cm的坯布分别做前后裙片（图4-93）。

（1）绘制前中片和后中片的基础线。距上边缘23cm绘制纬向丝缕线作为臀围线。前中片距右侧边缘2.5cm处绘制经向丝缕线作为前中心线，后中片距左侧边缘2.5cm处绘制经向丝缕线作为后中心线，取人台上量取的该片对应臀围尺寸加上0.5cm的松量绘制臀围线以下的经向丝缕线。

（2）绘制前侧片和后侧片的基础线。首先绘制经向丝缕中心轴线，并绘制距上边缘23cm的纬向丝缕线作为臀围线，然后将人台上量取的该片对应的臀围尺寸加上0.5cm的松量，以经向丝缕中心轴线为对称轴，绘制臀围线以下的经向丝缕线。

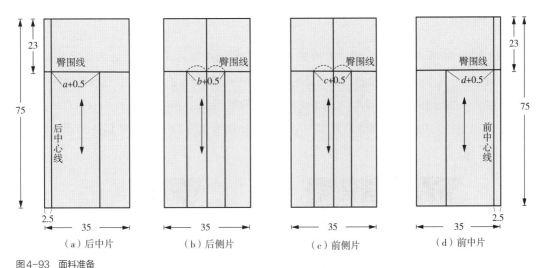

图4-93　面料准备

四、立体裁剪方法和要点

（1）如图4-94所示，将前中片、前侧片、后侧片、后中片依次两两对应，臀围线以下沿着经向线条别合，余布朝外。然后将别成一个整体的坯布放上人台，先固定前中片，对齐前中线和臀围线的交点后固定整条前中心线，将臀围上的松量分布均匀，固定臀围线。

（2）固定前侧片时，将坯布中心的经向丝缕线放置在人台侧片臀围的中心位置，保持丝缕垂正状态，固定该丝缕线。将臀围上的松量分布均匀后，固定臀围线（图4-95）。

（3）将前中片与前侧片的臀围线以上部分沿着人台表面粘贴的红色款式线掐别出来，注意要自然，不能紧绷，更不能产生斜绺，要与下方原已别合的臀围线以下经向线条连接顺畅（图4-96）。同理，将所有相邻裙片从腰围线到臀围线的部分都按照款式线自然地掐别出来。

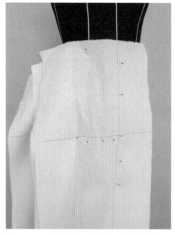
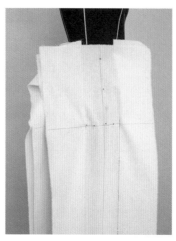
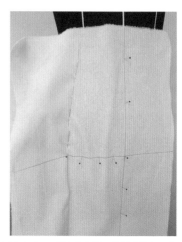

图4-94　将各片臀围线以下经向线条别合后固定于人台臀围线

图4-95　固定前侧片的臀围线和中心丝缕线

图4-96　别合前中片和前侧片的臀围以上分割线

（4）从图4-96可以看出，前中片在完成与前侧片的掐别后，在靠近前中心处还有余量，把原来固定前中心线的别针松开，沿着人台表面抚平后重新固定，即前中心线在臀围线以上的部分也呈弧线形态（图4-97）。每条分割线都量取腰围线下方40cm处收小1cm，下摆处单边加放5cm摆量。为便于观察造型效果，用色胶带贴出每条分割线，如图4-98所示，留取余布后粗剪。

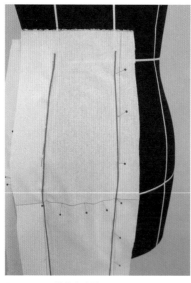
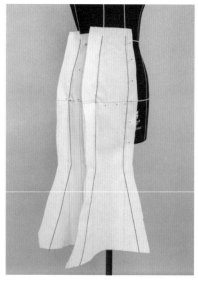

图4-97　调整前中心线

图4-98　粘贴分割线的鱼尾造型

Tips：鱼尾裙的腰臀部位贴合人体，下方鱼尾的造型则主要取决于设计，收窄的位置和裙摆的加摆量这两个造型关键要素决定了对比度，作为日常装相对比较含蓄，而礼服中则常常通过夸大对比来突出视觉效果。

（5）用同样的方法将后中片的后中心处贴合人体，每条分割线在臀围以下相同位置收窄1cm，在下摆加出5cm摆量，贴出分割线后粗剪观察整体造型，如图4-99所示。

（6）沿着人台的腰围线做标记，靠近前中心、后中心处一小段水平线，其余做点标记（图4-100）。

（7）按粘贴的胶带做好各条分割线的标记后，从人台取下平面确认各条分割线，臀围线以上部分线条弧线特征明显，臀围线以下收窄加摆以直线形态为主，将整条线条连接顺畅，如图4-101所示，为前中片和前侧片，留取1cm缝份后修剪，后面两片的处理方法相同。

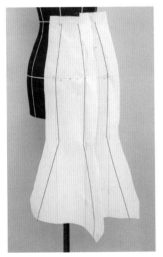

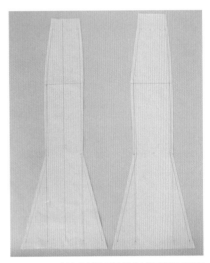

图4-99　贴出分割线后粗剪　　　图4-100　做腰围线的标记　　　图4-101　确认分割线后的前中片和前侧片平面样板

Tips：因为各片的形态相似，分割线臀围以下部分的线条是完全一样的，只是臀围线以上部分有所差别，这时可以借助不同的对位记号来区分，如后中片和后侧片的分割线除臀围对位记号外，再增加一个中臀围处的对位记号，以此类推。

（8）将四片臀围线以上部分别合，使整条腰围线完整。沿着腰围线的标记点平面确认腰围线（图4-102、图4-103）。

（9）将四片的分割线别合后，下摆展开铺平，如图4-104所示，确认圆顺的裙摆线，放缝修剪。

图4-102　别合分割线使腰围线完整

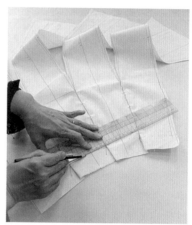

图4-103　平面确认腰围线

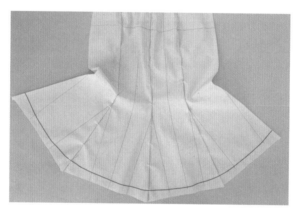

图4-104　下摆铺平展开以平面确认裙摆线

（10）装上3cm的腰头后，放上人台固定前中线、后中心线，完成半件鱼尾裙样裙（图4-105、图4-106）。

（11）通过立体裁剪获得前中片、前侧片、后侧片和后中片，共四片样板，从图4-107可以看出分割线直接反映了人体前后侧面立体形态的差异。

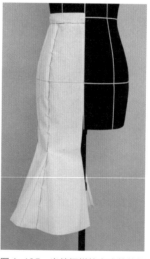

图4-105　半件坯样的完成着装效果（前）

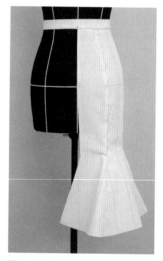

图4-106　半件坯样的完成着装效果（后）

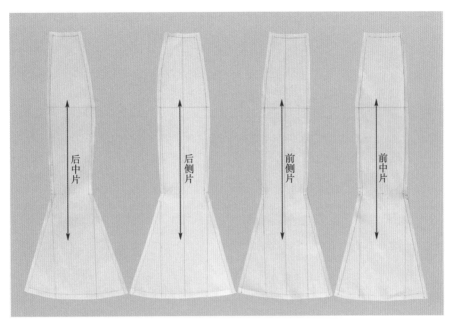

图4-107　确认最终样板

五、平面结构设计原理分析

　　鱼尾裙的腰臀部位呈现出和基本型半裙一样的合体形态，从立体裁剪的过程可以看出，基本型半裙中处理腰臀差的腰省被分解到了鱼尾裙的各条纵向分割线中，前后中心处的分割线也收掉了部分的腰臀差量。另外，通过裁片样板还可以看出，最终各条分割线的线条形态呈符合人体曲面形态的曲线，比基本型样板中直线状省道的立体造型更能表达和展示人体的立体感。同时，纵向的分割线在臀围线以下的设计区，还起到让拼接的相邻裁片同步收窄后加摆的作用，这正是纵向分割线的综合造型功能。

　　在平面结构制图中，以前裙片为例，首先确定纵向分割线的位置，将基本型半裙中的大部分腰省量设置于此，将剩余的腰省量分解到前中心线和侧缝（图4-108）。将前中片与前侧片沿着分割线分开，腰部实现合体（图4-109）。最后确定下摆的造型，其取决于设计的鱼尾摆量（图4-110）。

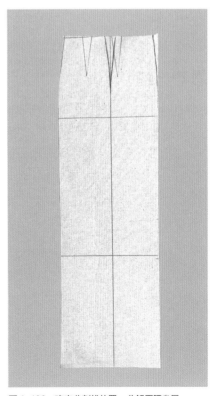

图4-108　确定分割线位置，分解原腰省量

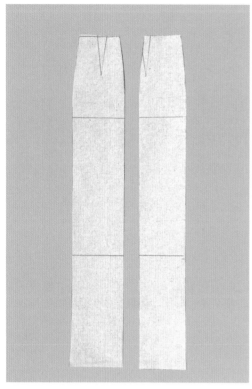

图4-109　前中片、前侧片分离

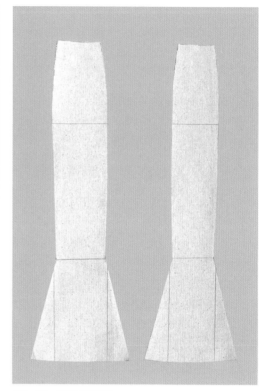

图4-110　确定下摆造型

思考与练习

1. 任选一或两个女裙廓型，运用立体裁剪的方法完成其造型。

2. 用基本型女裙样板完成相同款女裙廓型的变化，与立体裁剪方法获得的样板进行比较，分析有哪些差异，以及为什么会有这些差异。

第五章

半裙结构设计拓展

课程内容：1. 垂褶紧身裙、旋转分割裙、高腰波浪裙、低腰育克工字褶裙、双排扣百褶裙、不规则斜省褶裥裙和波浪边鱼尾裙的立体裁剪

2. 六片Ａ型插片裙、纵分抽褶紧身裙、Ａ型侧褶裙、不对称弧线分割小Ａ裙、低腰横分迷你裙和纵分横褶饰边裙的平面结构设计

课题时间：26课时

教学目的：通过13款半裙案例，综合阐述半裙的结构设计原理，让学生掌握多种半裙结构的立体裁剪和平面结构设计方法、常见装饰细节的处理技巧；让学生通过对款式的观察和分析，正确判断和选择合适的结构设计方法完成半裙的结构设计。

教学方式：讲授、讨论与练习

教学要求：1. 理解半裙结构变化的原理

2. 掌握半裙分割、波浪、褶裥的立体裁剪和平面结构设计方法及要点

3. 掌握半裙常用装饰细节的立体裁剪和平面结构设计方法和要点

本章选择具有代表性的典型半裙案例，针对款式特征分别选用立体裁剪和平面结构设计的方法进行结构设计，其中紧身合体、带有自然褶皱、曲面分割的半裙选用立体裁剪的方法发挥过程直观、易于理解的优势，而相对宽松、带有规则几何分割或装饰等结构简明的半裙则采用平面结构设计的方法达到简便快捷的效果。

第一节　垂褶紧身裙的立体裁剪

扫一扫
可见教学视频

一、款式分析

该款在紧身裙廓型的基础上，表裙采用从中心向右侧的放射状活褶，在人体曲面上形成一条条流畅的弧线，褶痕自然，左侧的垂褶长短错落、层次感强，宜使用柔软、垂荡感好的面料（图5-1~图5-3）。

图5-1　垂褶紧身裙（前）　　　图5-2　垂褶细节　　　图5-3　垂褶紧身裙（前左侧）

二、面料准备

根据款式造型特点，选用轻盈、柔软的粘棉布来制作（图5-4）。

底裙直筒裙的面料准备同基本型半裙，见第三章第一节。

垂褶裙片取长75cm，宽90cm的坯布，距上边缘23cm绘制纬向丝缕线作为臀围线，距左边缘35cm绘制经向丝缕线辅助线。

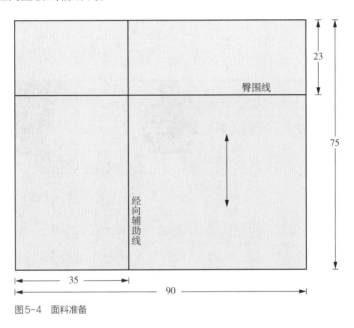

臀围线

23

75

经向辅助线

35

90

图5-4 面料准备

三、立体裁剪方法和要点

（1）首先用立体裁剪或平面制图的方式完成底裙直筒裙的造型，可参照基本型半裙，唯一的不同之处是此款前裙片采用了单腰省，省道位置设置在公主线处，便于被垂褶遮挡。后裙片腰臀差较大，因此仍保持两个腰省。完成后的底裙正背面如图5-5、图5-6所示。

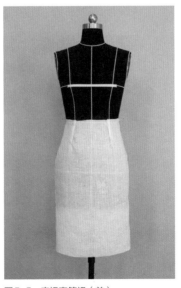

图5-5 底裙直筒裙（前）

图5-6 底裙直筒裙（后）

（2）将表裙在侧缝线外侧留出35cm，经向丝缕线对齐侧缝线固定，如图5-7所示。

（3）将坯布沿着腰口线抚平至前中心处，在人台的左侧提起坯布，形成第一个活褶，朝向人台右侧的中臀围，形态自然松弛，固定在腰围线上（图5-8）。

（4）沿着侧缝线向下固定、修剪余布、打剪口至臀围线处，继续在人台左侧提起布料，形成第二个活褶，深度与第一个活褶接近，固定在腰围线上（图5-9）。

> **Tips**：确定侧缝线上的剪口位置时，应将其理解成活褶的远处消失点，按照活褶呈均衡状发散的形态来指向侧缝线定点。

图5-7　固定侧缝线

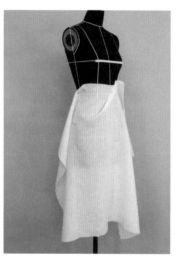

图5-8　提起坯布构造第一个活褶

图5-9　构造第二个活褶

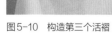

图5-10　构造第三个活褶

图5-11　构造第四个活褶

（5）用同样的方法作出第三、第四个活褶，注意一定要依据面料的性能形成符合人体腰臀部位曲面的自然形态，不能生拉硬拽，如图5-10、图5-11所示。随着人台左侧一次次提起面料，从下摆处可以明显看出坯布的水平横丝缕逐渐呈倾斜状态，将上方的余布整理后固定在胸下。

（6）最后一个活褶位于人台左侧的公主线位置，朝向前中心线腹围处，与前四个活褶一起形成视觉均衡的发散状整体。所有活褶既不紧绷，又不过于松弛（图5-12）。

（7）从上方提起的余布固定边缘剪入（图5-13），平行于最后一个活褶的褶痕剪至腰围线。

（8）在剩余的布料上粘贴出垂褶的外轮廓线，与下方的水平裙摆线以圆角顺接（图5-14）。

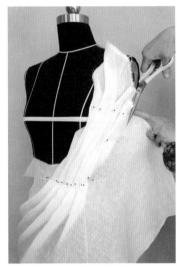

图5-12 构造公主线位置的活褶　　　图5-13 平行褶痕打入剪口　　　图5-14 粘贴垂褶的外轮廓线

（9）让垂褶自然垂挂，观察其长短层叠造型，如需微调，可提起面料后修改粘贴外轮廓线（图5-15）。

（10）修剪腰线上方和裙摆下方的余布，放射状的活褶和自然的垂褶已出型（图5-16）。

（11）如图5-17所示，将腰线用有色胶带贴出以方便做标记，前中心线的交点处做好对位记号；沿着人台右侧缝线做好点标记，臀围线处做好对位记号，将裙片从人台取下进行平面确认。

图5-15 调整垂褶外轮廓线　　　图5-16 修剪余布

（12）将表裙与里裙在侧缝线和腰线拼合后，装上腰头，完成整体造型（图5-18）。

（13）图5-19是所得的表裙垂褶裙片的样板，可以看出侧缝线上半段以直丝缕起始，逐渐外弧；活褶的外止口结构线棱角分明；形成垂荡的部位恰好位于正斜丝方向，因此能形成优美的垂荡效果。

图5-17 粘贴腰口线

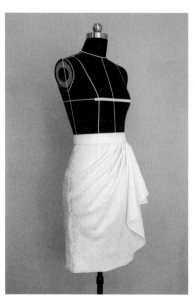
图5-18 拼合表里裙并装上腰头

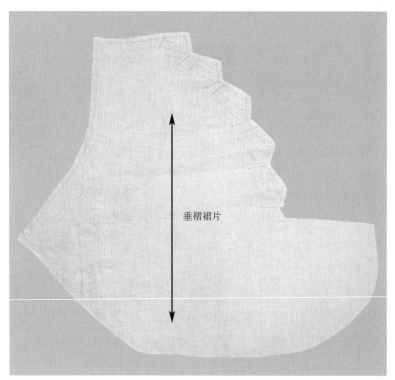
图5-19 确认最终样板

第二节 旋转分割裙的立体裁剪

一、款式分析

这款半裙的裙身分割线呈独特旋转状，与从髋部开始的由高到低波浪起点在视觉上形成平衡，裙摆丰富的波浪形态与合体的腰臀形成对比，既合体又灵动。拉链可装于侧面或后中的旋转状分割线中（图5-20、图5-21）。

二、人台准备

在人台上贴出各条旋转状分割线、波浪起点位置。由于人体呈三维立体形态，所以在粘贴款式线时主要观察视觉上的每块比例是否均衡，先分割大块面，再细分。为使波浪起点位置高低准确，直接将各波浪起点连接成斜向线条，把握斜向线条的左右端点和斜度。每条旋转分割线先定出上下两个端点，然后连接圆顺。被分割的裁片形状相似，为避免混淆，应在人台上逆时针进行编号，如图5-22所示。

图5-20 旋转分割裙（前） 图5-21 旋转分割裙（后）

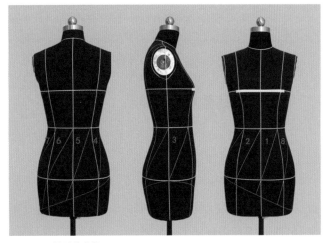

图5-22 粘贴款式线

Tips：类似这样有多条非直线形的款式线，每条线条都不相同，要根据人体的曲面特征顺势而为。粘贴好所有的款式线后，从远处观察各个角度的各条旋转线条整体是否协调美观，再做细微的调整，直至满意。

三、面料准备

由于是旋转形态，所以每一片的斜度都比较大，取料时的宽度应量取该块面最边缘的端点再加上裙摆扩大所需要的余量，如图 5-23 所示，各片长度取 75cm，宽度取 40cm，共 8 片。

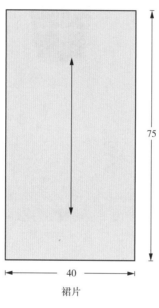

75

40

裙片

图 5-23　裙片面料准备

四、立体裁剪方法和要点

（1）固定前中心第一号裙片，保持坯布经向丝缕的铅垂状态，下方左右两个波浪起点外侧余布余量一致，固定于人台（图 5-24）。

（2）保持坯布横平竖直的状态，分别平行于左右分割线，留取足够余布后粗剪至波浪起始点，然后在余布上均匀地打剪口，使坯布在臀围处稍有松量、腰部贴合，用针固定该块面，注意不要出现紧绷现象（图 5-25）。

（3）因裙片呈加摆造型。为使摆量造型均衡对称，在左右波浪起始点的中心位置垂挂一重物来获得裙片的中心铅垂丝缕线（图 5-26）。

（4）沿左右分割线分别做标记至波浪起始点，在臀围线处做好对位记号，取下连接成顺畅的弧线，放缝修剪。裙片下摆的中心丝缕线按照垂挂重物线的标记绘制（图 5-27）。

（5）用相同的方法处理人台左侧相邻的第二号裙片，在人台上保持横平竖直的状态固定，沿左右款式线粗剪，余布打剪口，固定到波浪起始点，做标记后取下，平面确认分割线，放缝后修剪。与第一号裙片臀围对位后别合，一起放回人台（图 5-28、图 5-29）。

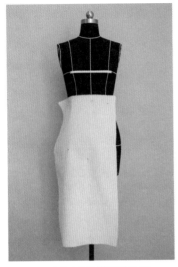
图5-24 左右余布均衡留取后固定

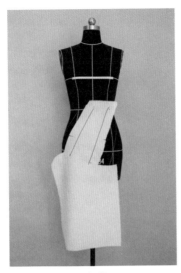
图5-25 沿分割线粗剪

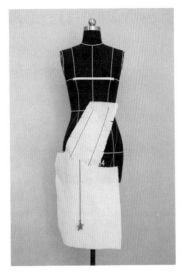
图5-26 垂挂重物确定中心丝缕线

图5-27 平面确认分割线后放回人台

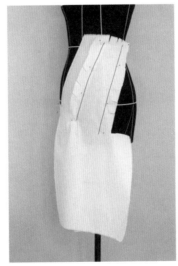
图5-28 粘贴分割线粗剪固定

图5-29 别合分割线

（6）在坯布下边缘处的中心丝缕线两旁量取相同的宽度，以得到对称的摆量造型，从波浪起始点开始用胶带直线粘贴出加摆线，如图5-30所示。

（7）用相同的方式立体裁剪出其余各片的分割线，切记做标记时在臀围线做对位记号，由于各片对应的人体髋部、臀部有所差异，在曲面强烈的体表形态部位会有一些吃势，拼合时，吃势要均匀分散，并增加对位记号（图5-31、图5-32）。

（8）将8片裙片的分割线都完成立体裁剪后，完成拼合，将完整的腰线用胶带贴出，并做好标记（图5-33）。

（9）将裙片从人台取下后，按照第一号裙片的加摆量，给其余各片也左右对称地加出摆量，放缝修剪后拼合（图5-34）。

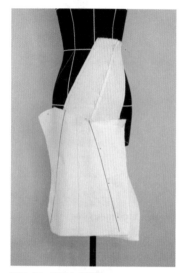

图5-30　粘贴加摆线

图5-31　各片都沿分割线粗剪固定

图5-32　相邻两片的分割线别合

图5-33　粘贴腰口线

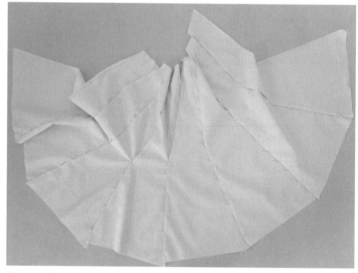

图5-34　各片都加出摆量后别合

（10）由于裙摆波浪起伏较大，为获得准确、水平的底摆线，如图5-35所示，将裙子放上人台后，从地面用直角尺量取同一高度，围绕裙摆一周用水平针标记。

（11）以下摆处的水平针标记为参照，将裙子下摆绘制顺畅，放缝修剪（图5-36）。

（12）将腰线部位摆放平整，按照腰线标记，绘制圆顺的腰围线，修剪缝份。由于此款为无

图5-35　量取裙长

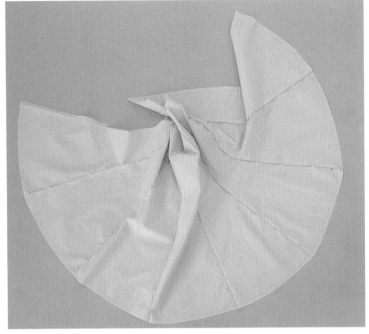

图5-36　平面确认裙摆线

腰款，需用贴边，取腰线下3.5cm粘贴胶带，如图5-37所示，拷贝此3.5cm即得腰贴样板。

（13）完成的旋转分割裙整体造型，如图5-38所示。

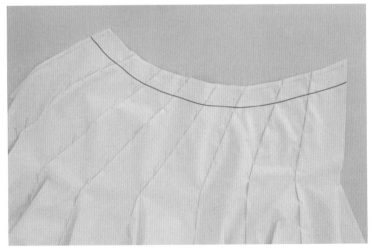

图5-37　获取3.5cm的腰贴

图5-38　整件坯样的完成着装效果

（14）从裁片图（图5-39）可以看出，各裁片的分割线部位弧线曲率较大，每条弧线都有差异，人体的腰、腹、臀造型得以实现。

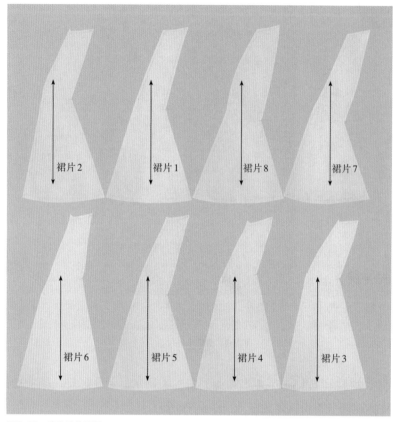

图5-39 确认最终样板

第三节 高腰波浪裙的立体裁剪

扫一扫
可见教学视频

一、款式分析

波浪是半裙中常用的造型元素，这款波浪裙采用纵向分割高腰育克的方式勾勒出腰身，裙身则波浪清晰、分布均匀、大小均衡、富有动感，采用悬垂性好的面料，波浪形态效果会更佳（图5-40、图5-41）。

二、人台准备

首先粘贴出高腰育克的上下止口线，上止口线呈水平状，后中心处有小豁口；下止口线前后弧线形态差异较大，注意在侧缝处需连接顺畅。然后粘贴育克内部的多条纵向分割线，

图5-40 高腰波浪裙（前）

图5-41 高腰波浪裙（后侧）

需注意前中心线为连裁结构，分割后形成前4片、后3片，共7片，每一片都应体现腰围的纤细，尤其是最中心的小片，可以适当地夸大腰臀的对比。具体正、背、侧面的人台准备效果如图5-42~图5-44所示。

图5-42 人台准备

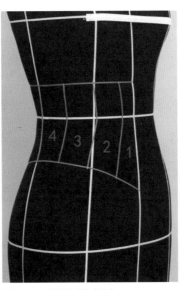

图5-43 粘贴款式线（前）

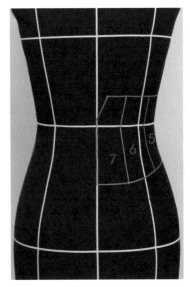

图5-44 粘贴款式线（后）

三、面料准备

取7块长25cm、宽10cm的坯布做腰部育克片，前中片和后中片分别绘制前、后中心线。其余5块侧片绘制中心经向丝缕线。

取两块长80cm、宽80cm的坯布分别做前后裙片。除绘制前后中心线外，还需在中心线上绘制一小段距上边缘20cm的水平线段（图5-45）。

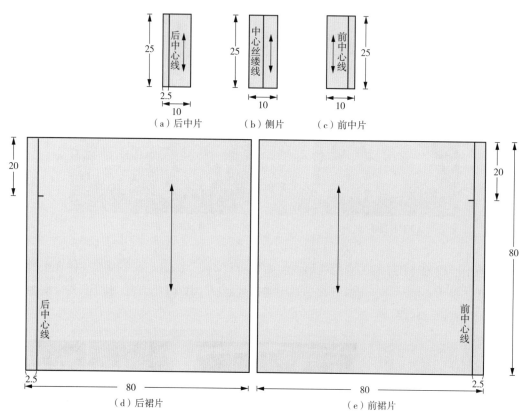

图5-45　面料准备

四、立体裁剪方法和要点

（1）将前中心片（第一片）对齐人台的前中心线，上下止口余布均衡，固定于前中心线。使相邻的第二片保持经向丝缕垂正的状态，把该经向丝缕线固定于该片的中心位置（图5-46）。

（2）同理，依次将每片按序放上人台，每一片固定时都要保持经向丝缕垂正的状态，并把该经向丝缕线固定于该片的中心位置（图5-47），最后将后中心片对齐人台的后中心线固定。

（3）将相邻两片沿着共用的款式线进行揪别，留取余布后粗剪，在余布上打剪口，使两片能贴合人体腰部的立体形态，并别出款式线，该线曲度较大，揪别时先在腰节位置别针，再向上向下掐别成形（图5-48）。

（4）用同样的方法将相邻两片都沿着共用的款式线掐别出来，由于后腰凹陷曲度更大，所以剪口宜打得更密集一些，使各片坯布都能平整地贴合人体，不产生褶皱（图5-49、图5-50）。

（5）沿着掐别的款式线做好标记，切记在腰节线做好对位记号，取下人台平面确认，放缝修剪后按序两两别合，别合时，腰节的对位记号对齐，放回人台，上下止口线用胶带完整贴出，以保持顺畅，方便做标记（图5-51、图5-52）。

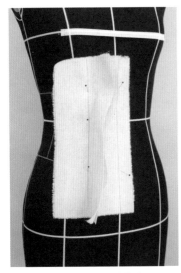
图5-46 固定前中心片和相邻片

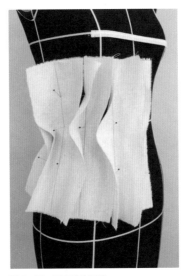
图5-47 固定其余各片

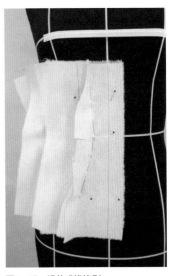
图5-48 沿款式线掐别

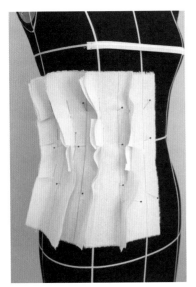
图5-49 前面4片的掐别效果

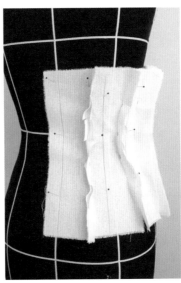
图5-50 后面3片的掐别效果

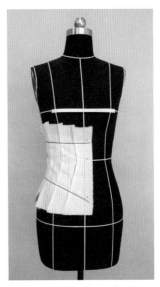
图5-51 粘贴前面的上下止口线

（6）上下止口线标记后取下，进行平面确认，放缝修剪，再放回人台检查立体形态（图5-53、图5-54）。

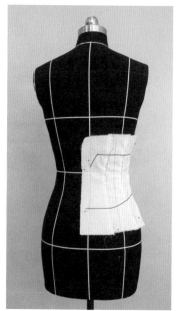
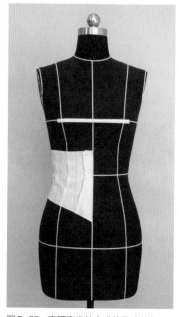
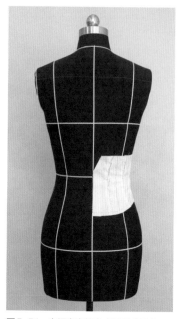

图5-52　粘贴后面的上下止口线　　　　图5-53　高腰育克的完成效果（前）　　　　图5-54　高腰育克的完成效果（后）

（7）将坯布前中心线20cm的点对齐人台前中心育克下止口线的起点，将下方整条前中心线固定。在要做波浪的位置，即第一条分割线处，用两枚交叉针固定，如图5-55所示，剪口至插针点，剪口要剪透，但不可剪过。

> Tips：普通剪口的作用是使平面的布料借助剪口而贴合人体局部曲面，通常是剪至净线约0.7cm。而波浪的剪口是为了形成波浪的垂挂支点，如果不剪透，就会在垂挂时产生重叠量，因此需小心地剪到净线。打剪口前用双针固定也是为了更好地稳定该点，方便剪口准确到位。

（8）将侧面的坯布以插针点（即波浪顶端）为支点，向下垂挂，使裙摆形成波浪，波浪大小通过垂挂量来控制，满意后用针在臀围或下摆暂时固定（图5-56）。

（9）继续沿着育克下止口线抚平至第二条分割线处，用双针固定，打剪口至该点（图5-57）。垂挂侧面坯布形成波浪，波浪大小同第一个波浪，确保波浪大小平衡，确认的方法可以采用在同一个水平位置折叠起相同的波浪聚拢量，此例是在臀围线上折叠起波浪聚拢量后固定，也可以在人台的下边缘处折叠。第三个波浪也用同样方式操作获得（图5-58、图5-59）。

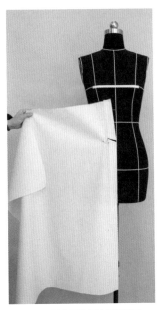

图5-55　用交叉针固定后打剪口

图5-56　垂挂形成波浪

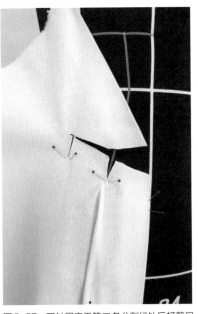

图5-57　双针固定于第二条分割线处后打剪口至该点

Tips：在此例中，把腰部育克下止口与各条纵向分割线的交点用作各个波浪的起始点，即对位记号点。如果没有直接可以利用对位点的款式，则需要在开始做波浪前，规划好各波浪的起始点，并用胶带贴在该位置，这样方便立体裁剪时的把控。

（10）后片由于后中心处有波浪，所以将边缘的2.5cm折边打开，固定于后中心线与育克下止口的交点，打剪口至该点后，垂挂坯布，形成波浪。要注意的是，半件后裙片的中心只需半个波浪量，对称连裁后才是整个波浪量（图5-60）。

图5-58　在臀围线上折叠相同的波浪聚拢量

图5-59　完成第三个波浪造型

Tips：因为对称款式通常只做右半身的半件坯样以检验立体造型效果，因此尤其要注意前后中心线的处理方式。如是否为连裁，如果连裁就必须保持直丝缕；如果不是连裁而是分割就可以根据款式特点进行处理，如上一章中的八片鱼尾裙。本款前中线处没有波浪，所以直接直丝缕固定即可；而后中心线处有波浪，就需要将半个波浪量设置在后中。

（11）其余部位的波浪与前裙片一样，以育克下止口线与纵向分割线的交点为波浪起始支点，垂挂出整个波浪量，在臀围线上折叠固定相同的波浪聚拢量（图5-61）。

（12）完成前后裙片各个点的波浪造型后，将侧缝线别合，注意前后侧缝下摆处也需各加出半个波浪量，组成一个完整的波浪。从育克线与侧缝线的交点到侧缝加摆点，用胶带以直线贴出（图5-62）。

（13）将裙片育克线上方的余布粗剪，粘贴出顺畅的育克下止口线，在每个打剪口的点做上对位记号（图5-63、图5-64）。

（14）从人台上取下裙片，平面确认直线状前后侧缝线，各自放缝修剪后别合，画顺前后裙片上止口线（图5-65）。

（15）将育克片与裙片按照对位记号别合，放回人台，固定前后中心线，波浪自然垂挂成形。以地面为基准，用直角尺量取高度后，用针做标记或用笔描点，取下后平面确认裙摆线（图5-66）。

（16）如图5-67所示，取育克的上止口线以下3.5cm做贴边，后中心的小豁口贴边用弧线连顺。得到的前、后贴边样，如图5-68所示。

图5-60 构造后中心处的波浪

图5-61 依次构造出后裙片的各个波浪

图5-62 粘贴侧缝线

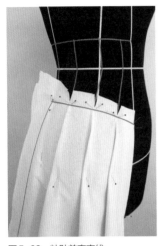

图5-63　粘贴前育克线

图5-64　粘贴后育克线

图5-65　平面确认裙片的上止口线

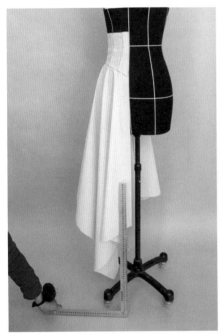

图5-66　确定裙摆线

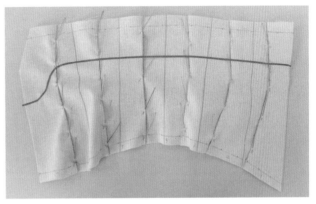

图5-67　获取3.5cm的腰贴

图5-68　前后贴边

（17）完成后的半件样裙正、背面立体效果如图5-69、图5-70所示。

（18）样板共包括7片育克小片、前后裙片和前后腰贴边。可以看出前、后裙片形状为约90°的1/4个圆环，内外径的差值使外径能自然垂挂下来形成波浪（图5-71）。

Tips：图5-72是整个前裙片分别取90°、180°和360°的波浪裙立体造型，角度越大，下摆的波浪越丰富。

图5-69　半件坯样的完成着装效果（前）　　　　图5-70　半件坯样的完成着装效果（后）

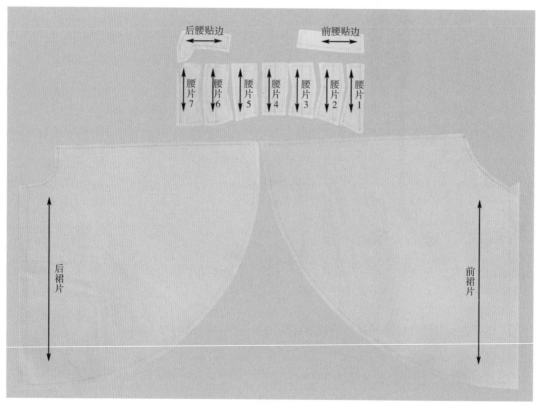

图5-71　确认最终样板

图5-72　90°、180° 和360° 的前片波浪裙立体造型效果

第四节　低腰育克工字褶裙的立体裁剪

扫一扫
可见教学视频

褶裥是服装中常用的造型元素，按褶裥的方向来分，可分为工字暗裥、工字明裥和单向褶裥（图5-73）。

（a）工字暗裥

（b）工字明裥

（c）单向褶裥

图5-73　褶裥方向

按褶裥对裙子进行立体结构处理的方式可将其分为自由型褶裥和闭合型褶裥。自由型褶裥是指裙子在穿着状态下，仅在上止口线处呈闭合状态，以下直至底边褶裥呈张开的自由形态。而闭合型褶裥则是指裙子在穿着状态下，褶裥经过腰臀等立体区域时呈闭合状态。本节和下一节分别以一款自由型褶裥半裙和一款闭合型褶裥半裙为代表性案例，说明这两种褶裥形式的不同结构处理方式。

一、款式分析

低腰约3cm，深深的工字暗褶直达裙摆，使之自然扩张，结合波状起伏的育克线，又有浅浅的小褶裥点缀其间，形似一个个拱门，整条裙子有活泼灵动感（图5-74、图5-75）。

二、人台准备

粘贴低腰的止口线和育克线。为使育克线保持高低一致，可以先贴出波谷的水平线，确定每个波谷点的点位后，再粘贴出完整的波浪状育克线（图5-76、图5-77）。

图5-74　低腰育克工字褶裙（前）

图5-75　低腰育克工字褶裙（侧后）

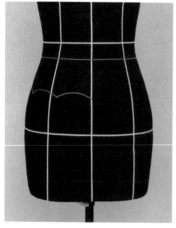
图5-76　低腰止口线和育克线（前）

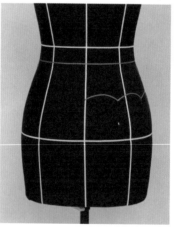
图5-77　低腰止口线和育克线（后）

三、面料准备

取两块长22cm、宽35cm的坯布分别做前后育克片，绘制好前后中心线。取一块长160cm、宽45cm的坯布做裙片，距右边缘10cm处绘制经向丝缕线作为前中心线。

从款式可以看出，这款裙子的褶裥只在育克线拼合处呈闭合状态，育克线以下直至底摆呈张开的自由形态，属于自由型褶裥，因此裙片的底摆为水平线，在准备面料时可以将裙片底摆折边量（5cm）折好并熨烫定型，有助于操作时对造型的观察和把控（图5-78）。

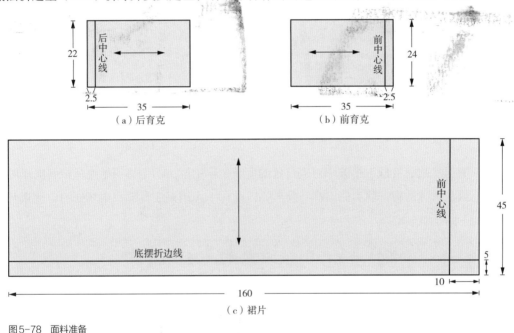

图5-78　面料准备

四、立体裁剪方法和要点

（1）应先完成裙身的立体造型。如图5-79所示，将熨烫好底摆折边的裙片坯布在前中留出10cm后固定于前中心线。在第一个波峰点折叠出左右对称的工字褶裥，单侧褶裥深度约1cm，褶裥中心线位于波峰点用针固定。保持臀围线的水平状态，抚平至波谷点，折叠出单侧褶裥深度为4cm的工字褶裥，将褶裥固定在育克线上（图5-80）。

> Tips：同样是育克拼合裙片的款式，第四章中的A型裙和本章中的波浪裙都采用先完成育克再完成裙片的顺序，而在此款中则顺序相反，这是因为裙身褶裥个数多且深度大，造成育克线处的面料厚度明显增加，直接影响了与之拼合的育克片下止口线的实际长度。

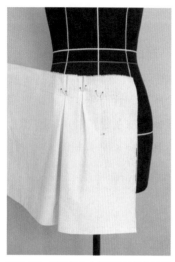

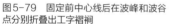

图5-79　固定前中心线后在波峰和波谷点分别折叠出工字褶裥

图5-80　波峰波谷点处工字褶裥细节

（2）用相同的方法完成下一个波峰和波谷的工字褶裥，注意臀围线始终保持水平状态，每个浅工字褶裥对位于波峰点，每个深工字褶裥对位于波谷点。可以看出浅工字褶裥由于褶裥深度小，会消失在中臀围附近，而深工字褶裥的褶裥深度深，一直能延伸到裙摆，但在臀围处会自然张开以体现臀部的立体形态，这正是自由型褶裥的特点（图5-81、图5-82）。

（3）直至完成育克线五个波形对应位置的所有工字褶裥，切记必须始终保持臀围线的水平状态。因为人体的臀部前后侧面都有差异，因此深工字褶裥在臀部和裙摆处的自然张开效果也有所不同（图5-83）。

> Tips：人体背面的臀凸大，仅在上止口固定的褶裥覆盖在臀围上时自然就会张开，因此，此类褶裥不宜熨烫，应保持形态自然。

（4）整理细部造型，因浅工字褶裥位于波纹的顶点位，其褶尖的消失点位置对造型的影

图5-81　依次在波峰波谷点折叠出褶裥

图5-82　深工字褶裥自然延伸至裙摆

图5-83　各个深工字褶裥的自然张开效果有差异

响比较大。松开固定浅褶裥的针，使原本并在一起的褶尖消失点左右扩开，这样原本靠近人体的裙片上端就会呈现远离人体的立体形态，形成类似拱门状。整理好后的五个褶裥单元见图5-84～图5-86。

（5）在裙身坯布上粘贴出弧形育克款式线，以便于立体制作育克片时能看到该款式线。如图5-87所示。

（6）如前所述，育克线处的厚度对育克片有影响，因此保留裙片在人台上，把前育克片对齐前中心线固定，余布尽量保留在腰线上方，沿着腰线和育克线，从前中心线开始，上下同步抚平固定，余布打剪口，直至侧缝线。后育克片同理操作。将前后育克片的侧缝线掐别出来，做好标记和波峰对位记号后，从人台取下（图5-88、图5-89）。

图5-84 整理浅工字褶裥造型（前）

图5-85 整理浅工字褶裥造型（侧）

图5-86 整理浅工字褶裥造型（后）

图5-87 粘贴育克款式线

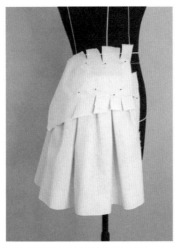
图5-88 沿上下止口线固定育克片

图5-89 粘贴腰口线和育克线

（7）将育克片和裙片的结构线进行平面确认后，放缝修剪，按照对位记号（深工字褶裥对位波谷点、浅工字褶裥对位波峰点），将育克与裙片进行别合，完成的半件样裙正背面立体效果见图5-90、图5-91。

（8）在别合育克片和裙片时，为不影响裙片上部的拱形立体形态，别针方向应平行于育克线，如图5-92所示。

（9）立体裁剪得到的前后育克片和裙片的样板如图5-93所示，从中可以看出这类自由型褶裥（此款的深工字褶裥）的样板特点是上下褶裥宽度相等，穿着时通过褶裥不同程度张开来体现人体的立体形态。

图5-90 半件坯样的完成着装效果（前）　　图5-91 半件坯样的完成着装效果（侧后）　　图5-92 别针平行于育克线

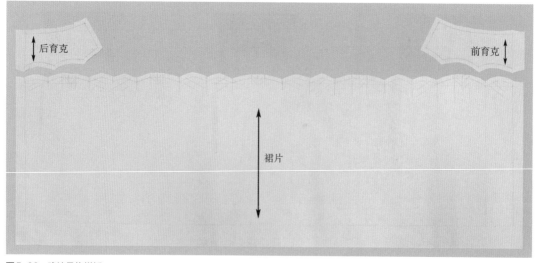

图5-93 确认最终样板

第五节　双排扣百褶裙的立体裁剪

扫一扫
可见教学视频

一、款式分析

此款裙子前中采用双排扣门襟设计，利于穿脱，两侧和后片围绕一顺的褶裥，形成块面对比。褶裥从腰部到臀部呈缝合状态，贴合人体，体现出腰臀形态，从臀部至底摆的褶裥熨烫定

型，褶痕挺括。腰下左侧有一袋盖作为装饰，在保留规则设计硬朗、明晰风格的同时，又增添了一点灵动，属于百褶裙的变化款（图5-94、图5-95）。

图5-94　双排扣百褶裙（前）　　图5-95　双排扣百褶裙（侧后）

二、人台准备

此类百褶裙的立体裁剪必须做完整，不能像基本裙等一般只需制作一半坯样。在人台上粘贴出腰围线、左右对称的分割线。量取除分割线外的臀围周长尺寸，以该尺寸除以褶裥个数，计算出臀部的褶裥宽度。如此例中褶裥个数为12个，沿着臀围线将臀围均匀分成12份，贴出每个褶裥的位置。纽扣位置和装饰袋盖也可一并放置定位，以便于观察整体比例效果。具体的正、背、侧面的人台准备效果如图5-96、图5-97所示。

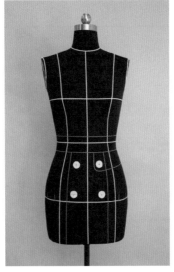

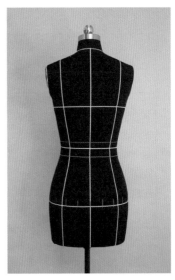

图5-96　人台准备（前）　　图5-97　人台准备（后）

Tips：也可以用门幅的宽度倒推计算褶裥宽度，门幅减去除分割线外的臀围周长尺寸和左右各1cm的缝份量，就是所有可以用作褶裥深度的量。如门幅较窄，计算出来的褶裥深度过浅，则只能进行拼接。

三、面料准备

取长65cm、宽160cm（或整幅宽）的坯布做褶裥裙片，距右侧边缘5cm处绘制经向丝缕线作为参考线，距上边缘20cm处绘制纬向丝缕线作为臀围线。

前中裙片的坯布尺寸为长65cm、宽32cm，绘制中心经向对称线作为前中心线，距上边缘20cm处的纬向丝缕线作为臀围线。

袋盖片取长9cm、宽18cm（图5-98）。

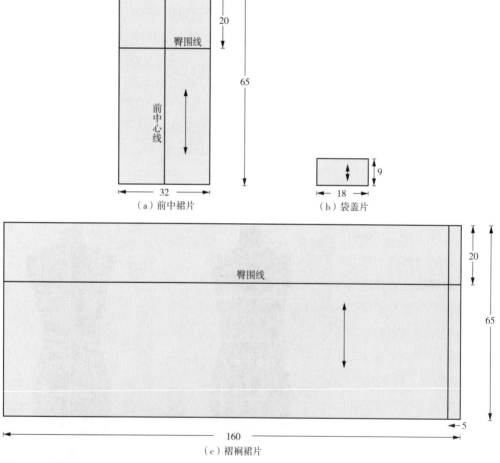

（a）前中裙片　　　　　　　　（b）袋盖片

（c）褶裥裙片

图5-98　面料准备

四、立体裁剪方法和要点

（1）除了计算出褶裥宽度外，在立体裁剪前还需设计好褶裥深度，最深与褶裥宽度等宽，最浅为褶裥宽度的1/2，即每个褶裥需要的布宽是一个表面的褶裥宽度加上内藏的两个褶裥深度，注意所有褶裥需要的布宽总和应控制在门幅宽度以内。在坯布的臀围线上留出5cm的余量后，按照一个褶裥宽度、两个褶裥深度，再一个褶裥宽度、两个褶裥深度循环，量取尺寸后用笔标出（图5-99）。

（2）为对照清晰，用胶带在坯布上贴出臀围线、距离布边5cm的经向丝缕线，按照褶裥正面向人台右侧折倒的方向，应从人台右边开始做。将坯布对齐臀围线与分割线的交点后固定，保持臀围线水平，在标记的褶裥宽度位置，把两个褶裥深度折叠在内侧后固定在臀围线（图5-100）。

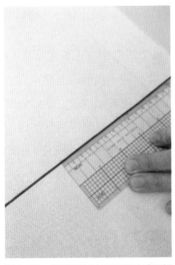

图5-99　在臀围线上量取褶裥宽度和褶　　图5-100　折叠出第一个褶裥
裥深度

（3）在臀围线上按照标记的臀围宽度定位，将褶裥逐个做出，两个褶裥深度折叠在一个褶裥宽度内，腰部可暂时不予固定。切记需始终保持臀围线的水平状态，臀围线以下丝缕横平竖直，褶棱顺畅（图5-101、图5-102）。

（4）将12个褶裥都完成在臀围线上的折叠造型，形成12个一顺的褶裥，臀围线以下丝缕横平竖直（图5-103）。

Tips：百褶裙类的款式如果需要安装拉链，或受到面料门幅的限制需要拼接，一般可将拉链或拼接位置隐藏在侧缝或背面的褶棱处，不影响外观。

图5-101　依次折叠出前裙片的各个褶裥

图5-102　折叠出后裙片的各个褶裥

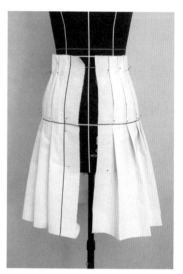

图5-103　完成12个褶裥在臀围线上的折叠

（5）开始固定腰部褶裥，将腰部的余量融入每个褶裥中。不要追求腰部的表面褶裥宽度完全一致，而应把控视觉上的均衡感。因为人体正背面的立体形态差异很大，正面腰腹部比较平坦，背面臀凸明显，侧面的腰胯弧度最大，因此固定腰部褶裥时，必须依照局部体型特征顺势而为，适当调整腰围线上相邻的褶裥宽度，使过渡自然，视觉舒适，如图5-104所示。

（6）由于褶裥裙片与前中片的分割线呈现出腰臀差异的弧线形，如图5-105所示，红色胶带在褶裥裙片上粘贴出此分割线，此线到第一个褶痕的宽度作为第一个腰部褶裥的宽度。

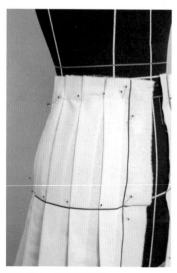

图5-104　固定腰部褶裥

图5-105　粘贴分割线

（7）逐步将腰部褶裥固定，可将同一区域内的三四个腰部褶裥固定后，互相比较观察。下一个区域完成后，再做综合比较，如视觉上感觉过渡不自然，就再做调整，直至所有的褶裥都平衡好，如图5-106、图5-107所示。

（8）到最后一个褶裥时，与右侧一样，先在坯布上贴出弧形的分割线，如图5-108所示，最后的褶痕按照此线

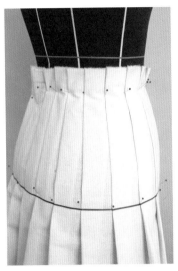

图5-106　调整固定腰部褶裥细节

图5-107　平衡各个褶裥

图5-108　固定最后一个褶裥的腰部

来固定腰部褶裥。

（9）确定腰部褶裥达到视觉均衡后，将每个褶裥从腰到臀这部分的褶痕用针在裙片上别好，在腰部和中臀围处分别用胶带围绕一周，进一步保持从腰到臀的褶裥坯型形态稳定（图5-109）。

（10）将前中心片对齐前中心线、臀围线，横平竖直地固定，粘贴出右半边的分割线和腰围线，并做好前腰中点、臀围线的标记（图5-110、图5-111）。

（11）取下前中片后放缝修剪，复制至另一侧，按照扣位固定扣子（图5-112）。

图5-109　粘贴腰围线和中臀围线以固型

图5-110　固定前中心片

图5-111　粘贴分割线

图5-112　确认前中片及扣位

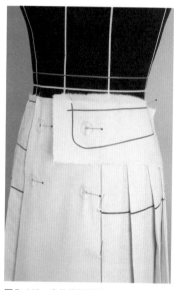

图5-113　立体裁剪袋盖

（12）把袋盖片保持横平竖直，盖在裙子表面相应位置，因为褶裥的厚度，口袋下沿应保留适当的余量，以保证带盖自然松弛的状态，用胶带贴出腰线和外止口线。用于固定的纽扣也移至袋盖表面模拟别出（图5-113）。

（13）从人台上取下裙片，将每个褶裥臀围以上的褶痕做好标记，分别与上下两片前中片别合，装腰头时将袋盖按位置固定，放上人台检验立体效果（图5-114、图5-115）。

（14）从图5-116可以看出前中片有上下两片，分别用于锁眼钉扣。

（15）裙身的样板包括前中心片、褶裥片、袋盖片。可以看出这类闭合型的褶裥是通过将人体的腰臀差均衡地分解到各个褶裥中去的方式来展现服装的立体形态（图5-117）。

图5-114　整件坯样的完成着装效果（前侧）

图5-115　整件坯样的完成着装效果（侧后）

图5-116　上下前中心片

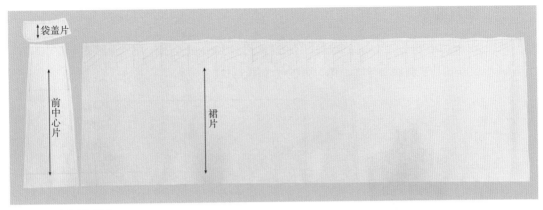

图5-117　确认最终样板

第六节　不规则斜省褶裥裙的立体裁剪

扫一扫
可见教学视频

一、款式分析

这款为紧身裙廓型，腰臀部合体，下摆窄小，后中下摆处通过开衩来增加摆围，便于活动。半裙前片采用不对称省道和褶裥结合的设计方式，左侧为两条平行的斜向省道，右侧则为多个近乎平行的活褶（图5-118、图5-119）。

因后裙片同基本型半裙，可参见第三章，这一节仅介绍前裙片的造型方法。

二、人台准备

图5-118　不规则斜省褶裥裙（前）

图5-119　不规则斜省褶裥裙（后）

低于人台腰围线约1.5cm贴出裙片的腰围线，根据款式贴出两条省道线，中心的省道线起始于前腰中点，以基本平行于侧面腰臀曲率的斜度贴出，止于臀围线上约2cm处。相距5cm的第二条省道线与之平行，省长止于中臀围，如图5-120所示。

三、面料准备

取长75cm、宽70cm的坯布做前裙片。距左侧边缘30cm处绘制经向丝缕线作为前中心线。距下侧边缘30cm处绘制纬向丝缕线作为臀围线（图5-121）。

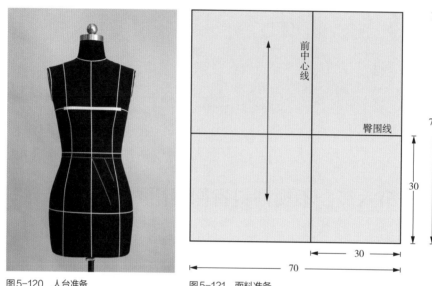

图5-120 人台准备　　　　　图5-121 面料准备

四、立体裁剪方法和要点

（1）将前裙片对齐前中心线、臀围线，横平竖直地放上人台，臀围左右半身留取紧身裙需要的少量松量后固定臀侧点，上边缘处用针临时固定（图5-122）。

（2）用与基本型半裙相同的方法使靠近侧缝5cm处的经向丝缕保持铅垂状态，侧缝用针固定于人台，余布粗剪。沿着腰线抚平、固定、上方打剪口至腰线0.7cm处，直至靠近侧缝的省道（图5-123）。

（3）将左半身腰部的余量作为省道量，按照人台上粘贴的省道款式线，别出该斜向省道（图5-124）。

（4）继续沿着腰线抚平，固定在前腰中点处，即中心腰省处，沿着该省道的款式线固定坯布，如图5-125所示，沿款式线留出缝份（约1cm），从上方剪入，注意需逐渐减少缝份量，在靠近省尖约5cm处停止。为便于剪入，最好在坯布表面重新粘贴出该省道的款式线。

（5）松开人台右侧臀围线上的针，仅保留臀侧点的固定。将上方的余布在第一个活褶处向下折叠成形，注意褶裥的方向应朝向人台右侧的臀围线，与省道线基本成直角（图5-126）。

（6）将上方的余布继续向下折叠成活褶，固定于省道线上。注意活褶的造型应自然、不生硬。人台右侧的臀围松量随之增加（图5-127）。

图5-122　固定前裙片

图5-123　固定侧缝线、腰围线

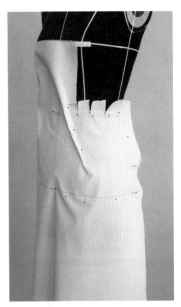

图5-124　别取斜向省道

图5-125　沿中心省道线打剪口

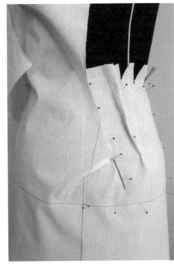

图5-126　折叠出第一个活褶

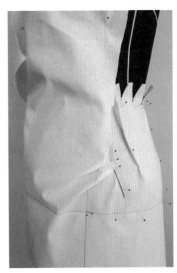

图5-127　折叠出第二个活褶

（7）图5-128是完成四个活褶后的造型，在折叠活褶时，注意有意识地调整深浅，让形成的褶痕有长短参差变化，使视觉感受丰富。人台右侧臀围线附近的松量形成自然的松弛肌理感。

（8）随着上方的余布量越来越多地被拉下来折叠成活褶，人台右侧臀侧点受到的牵扯越来越明显。随着活褶数量的增加，活褶的消失点逐渐从臀围线移动到了侧缝线的臀侧点处，此时如果不移动臀侧点的针已无法折叠出需要的褶裥了。如图5-129、图5-130所示，松开原臀侧点的针，将面料向褶裥方向上移，用双针在臀围线处加强固定，余布打剪口，才能继续在省道线上折叠出理想的褶裥。

（9）从褶裥均衡美观的角度确定下一个活褶的消失点，在人台右侧臀侧点上方约5cm处，用双针固定该点，在省道线上折叠出活褶后固定。粗剪腰线上方的余布（图5-131）。

（10）继续按照最后一个活褶的走向确定侧缝线上的关联点。双针固定后，侧面外侧余布打剪口，沿着腰线抚平、固定、腰线上方余布打剪口，将所有的余量都放置到该活褶的折叠量里，与已经完成的活褶整体均衡（图5-132）。

（11）为使活褶不变形散脱，将省道线在坯布表面粘贴出来，完整的腰围线也一并贴出，做好前腰中点的对位记号。侧缝线下摆收小约2cm，贴出左右对称的侧缝线，切记需标记出右侧缝上臀围的对位记号（图5-133）。

图5-128　完成四个活褶的造型

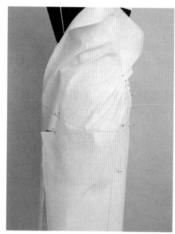

图5-129　面料向褶裥方向上移后打剪口

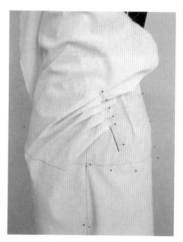

图5-130　继续折叠出活褶

图5-131　臀侧点上方5cm处固定后剪口

图5-132　打剪口固定侧缝线和腰围线，将余量折叠成活褶

图5-133　粘贴省道线、腰围线和前侧缝线

（12）用基本型半裙的方法完成后裙片的立体造型，别出两个后腰省，后侧缝线下摆与前裙片同步收小2cm，如图5-134所示的胶带。

> Tips：后裙片的样板除侧缝下摆收小2cm外，其余同基本型半裙的样板，因此也可用平面制图的方式得到样板后裁剪坯样，放上人台检验。

（13）将每个活褶都用针在起始处将上下层别在一起后，把前裙片从人台上取下，在每个活褶处用笔做好标记（图5-135）。

（14）将活褶依次打开，平面确认每个褶裥的裥量，标记褶裥方向（此例中褶裥方向都是向下），再将活褶还原折叠后修剪缝份，与另一条省道边的放缝方法一样，靠近腰部的缝份为1cm，靠近省尖的缝份量逐渐减少，放缝结果见图5-136。

（15）平面确认其余所有结构线，包括靠近左侧缝的省道，别合前后裙片，装上腰头后，廓型基本定型，观察各部位的松量、比例、线条等（图5-137、图5-138）。

（16）从图5-139的前裙片样板中可以看出，右侧缝线呈现向外倾倒的特点，腰口线分成了两段，褶裥部分的腰线明显高于另一段。

图5-134　粘贴后侧缝线

图5-135　做活褶标记

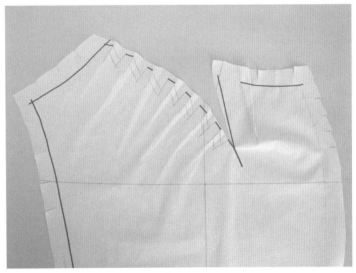

图5-136　平面确认活褶的褶裥量后放缝

Tips：中心斜省靠近省尖处的缝份少，对缝制的要求高，为提高牢度，可以在省道缝制完成后的省尖背面烫上黏合衬，以防止脱散。

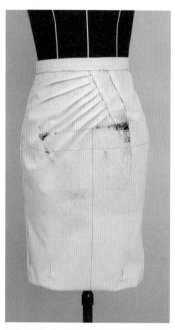

图5-137　整件前裙片坯样的完成着装效果

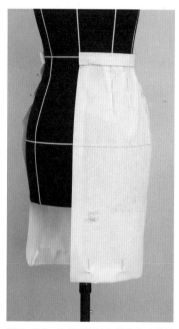

图5-138　半件后裙片坯样的完成着装效果

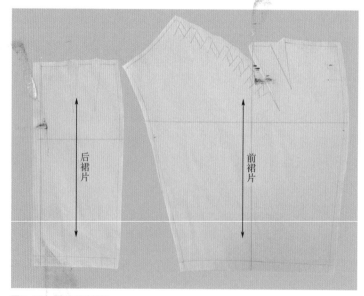

图5-139　确认最终样板

扫一扫
可见教学视频

第七节　波浪边鱼尾裙的立体裁剪

波浪除作为波浪裙的裙片主体造型外，还因其能形成自然流畅的弧形轮廓线，装饰感极强，常常在裙子中被用作装饰元素。结合波浪量、缝合线形状和边缘线造型的变化获得理想的装饰效果。

一、款式分析

这是一款以装饰性波浪为主的半裙。其波浪造型多样，右侧公主线位置纵向的自上而下的螺旋状波浪饰边构成视觉中心，下摆处左右交叠的长波浪裙摆与合体的裙身一起形成鱼尾形廓型，围绕腰线一周的短波浪微微起伏，构成上下呼应（图5-140、图5-141）。

二、人台准备

（1）因为此裙裙摆处的贴体部分长度长于现有人台的底部边缘，因此需要用硬卡纸在人台臀围线下方围绕出裙架，模拟人体下肢的静态外围形态，并将前后中心线、侧缝线和公主线等基础线补充粘贴完整（图5-142、图5-143）。

（2）贴出腰线、不对称的曲线分割线和下摆线，先把控关键的造型点，如分割线在腰

图5-140　波浪边鱼尾裙（前）

图5-141　波浪边鱼尾裙（后）

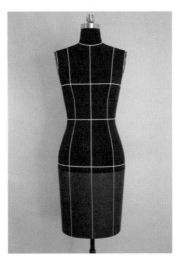

图5-142　用卡纸在人台下方围绕出裙架（前）

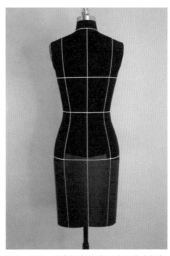

图5-143　用卡纸在人台下方围绕出裙架（后）

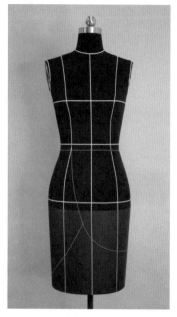

图5-144 人台准备（前）

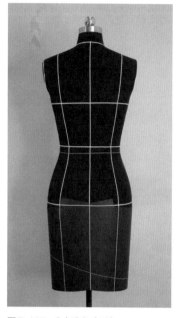

图5-145 人台准备（后）

线上的起始点、左右侧下摆线的高低差，以及左右不对称裙摆线的交点，然后将弧线圆顺贴出，注意拐角处的圆滑度。具体正、背面的人台准备效果如图5-144、图5-145所示。

三、面料准备

分别量取人台上左前片、右前片和后裙片的最长、最宽处，加上余量后即为这三片的取料尺寸，绘制出臀围线、前中心线和后中心线。左下摆、右下摆和后下摆波浪片的具体坯布尺寸如图5-146所示。

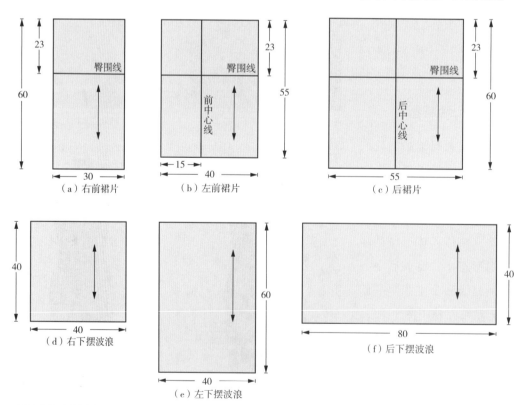

图5-146 面料准备

四、立体裁剪方法和要点

（1）将人台左侧裙片对齐前中心线和臀围线，横平竖直地放上人台固定，臀部留取少量松量，固定臀侧点，保持臀围线上距离臀侧点5cm处的经向丝缕垂正，腰部上方打剪口后贴合，把腰部余量别成一个腰省设置在公主线处，沿着分割线直至裙摆固定，粗剪余布（图5-147）。

（2）将人台右侧裙片对齐臀围线固定，保持臀围线上距离臀侧点5cm处的经向丝缕垂正，固定在腰线处，沿着分割线，留取足够缝份后粗剪，打剪口后与左侧裙片掐别成形，裙摆处也做粗剪（图5-148）。

（3）用基本型半裙的方法完成后裙片的立体造型，因下摆线存在高低差，所以需做出整个后裙片。与左右前裙片都做好标记后从人台上取下，平面确认省道和结构线，放缝后别合，放回人台检验立体效果。正、背面效果如图5-149、图5-150所示。

（4）因为后裙片下摆线左右高低差较小，波浪呈现规则的造型，参考高腰波浪裙中详细的波浪立体裁剪方法和要点进行操作，在此不

图5-147　立体裁剪左侧前裙片

图5-148　立体裁剪右侧前裙片

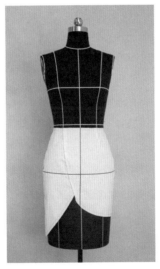

图5-149　前裙片坯样效果

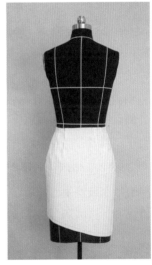

图5-150　后裙片坯样效果

重复。将完成后的波浪片与裙片别合，检查波浪立体效果，如图5-151所示。

（5）前裙片上的波浪装饰边按照波浪的层叠效果，应先做最下层的右侧波浪下摆。如图5-152所示，将坯布经向丝缕放置成平行于分割线的状态，下方留取波浪最低点的长度后，尽量将余布保留在上方，留出5cm的余布固定在第一个波浪点，即左右裙片下摆线的交点处，按照波浪立体造型的方法，从上方打剪口至该点，剪透而不剪过。

Tips：此例中坯布起始的摆放方式不同于常规的经向丝缕铅垂状态，这样才能在交点处产生左右波浪的交叠和层次感。

（6）使上方布料垂挂下来自然形成波浪，继续沿下摆线固定第二个波浪起始点，立体实现波浪造型（图5-153）。

图5-151 后裙片下摆波浪坯样效果　　图5-152 放置右侧波浪下摆坯布后固定　　图5-153 打剪口垂挂布料形成波浪

（7）将右侧的裙摆波浪逐个立体实现，因与裙片拼合的下摆线斜率大，结合每个波浪所处的丝缕差异，造成每个波浪最后成型的效果存在差异，如图5-154中第三个波浪的丝缕基本位于正斜丝，悬垂性好，其波浪垂褶与第一个波浪比显得更柔和。

（8）立体制作时重点关注各个波浪之间最后造型形态总体的平衡优美，注意在侧缝线也应有半个波浪量，与后裙片侧缝的半个波浪形成组合，从图5-155可以看出，侧缝处的波浪显得撑开，是因为前后波浪片在此处的丝缕为横丝，张力稍强。

（9）粘贴出波浪片的止口线，注意在第一个波浪点，即左右裙片下摆线的交点处，应按照垂挂形成波浪后，视觉上产生上方分割线延长线的效果来确定止口线。对比图5-156和图5-157，图5-157中波浪垂挂后，红色止口线与上方的分割线顺畅连贯，而图5-156是波浪展平时的状态。最后在止口线外留取少量余布后修剪。

（10）按照波浪的层叠效果，做左侧下摆处的波浪。将坯布放上人台，丝缕如图5-158所示，下方留取波浪最低点的长度后，尽量将余布保留在上方。留出5cm的余布后，用双针固定波浪起点，从上方打入剪口后，垂挂布料形成波浪造型，沿着裙片的裙摆净样线逐个实现波浪（图5-159）。

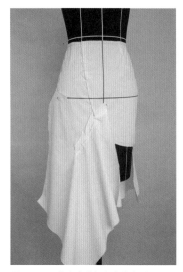

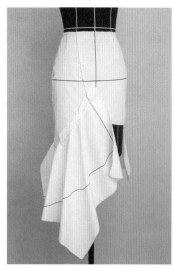

图5-154 依次完成各个波浪造型　　　图5-155 关注各个波浪造型的平衡　　　图5-156 粘贴止口线

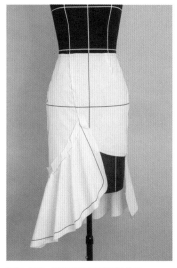
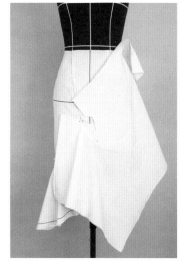

图5-157 波浪垂挂后的视觉效果　　　图5-158 放置左侧波浪下摆坯布后固定　　　图5-159 依次立体裁剪实现各个波浪

（11）完成至侧缝的所有波浪立体造型。因与裙片拼合的下摆线高低差比另一侧小，弧线比较平顺，各个波浪最后成型的效果比较一致。粘贴起始交点位置的止口线时，同样要按照垂挂形成波浪后，与已经完成的右侧裙片下摆线达到视觉上延长的效果来确定。留取足够缝份后修剪，观察左右下摆波浪片的综合效果（图5-160、图5-161）。

（12）将左右波浪片沿着与各自裙片的拼接线做标记，每片可增设两或三个对位点，以确保对位准确不变形。取下平面确认，放缝修剪，与裙片别合后放回人台检查（图5-162）。

（13）因为从左右裙片下摆线的交点沿着分割线向上至腰线交点，再到人台右侧腰侧点的

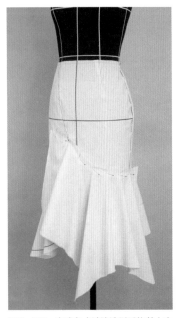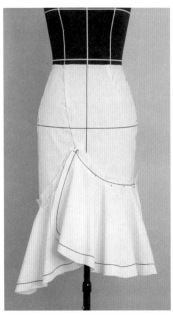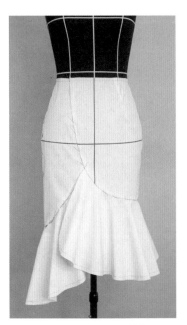

图5-160 完成各个波浪造型后修剪上方　　　图5-161 粘贴波浪片的各条结构线　　　图5-162 左右下摆波浪的坯样效果
余布

整条波浪装饰边的长度长，宽度基本一致，波浪丰富，根据这个特点可采用先平面粗裁圆环，再放上人台进行立体裁剪的方式来实现。量取波浪饰边需要拼接的净样线长度，加上腰部需要的折叠长度，估算出圆环的内圆周长，此例中约为50cm。裁剪出如图5-163所示的圆环，宽度同已完成的人台左侧波浪下摆。注意剪入的角度。

（14）将圆环布料的内周在起始点与下摆波浪有少量交叠后固定，沿着分割线向上，依据波浪垂挂形成有长短层次差的波浪外周造型要求，调整内周作用点。如图5-164所示，臀围线处的内周作用点能在外周形成一个清晰的波浪折转。确定该作用点后，用针固定，打剪口。继续确定下一个能形成清晰波浪折转造型的内周作用点，用手在上方控制波浪垂挂量，使之渐上渐小（图5-165）。

（15）依次完成分割线上的三个波浪转折，圆环的内周作用点达到腰线，在腰线上将圆环内周进行抽缩，圆环外周在腰侧自然会形成松弛且微微外扩的造型，与下方的波浪装饰连贯，成型顺畅，将这部分腰线用织带勒出，方便做标记，剪去多余的圆环布料（图5-166）。

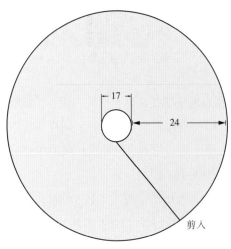

图5-163 波浪装饰边面料准备

图5-164　确定第一个内周作用点

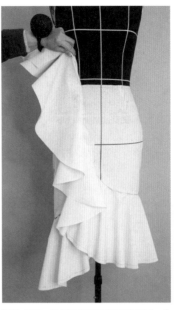

图5-165　依据波浪外周造型确定下一个内周作用点

图5-166　腰部抽缩实现造型

（16）量取腰部除碎裥区域外的腰围尺寸，加上少量的褶裥，用平面制图的方式绘制腰部装饰边的扇形状结构图（图5-167）。裁剪坯样后固定在腰围线上，将省道基本遮挡，波浪下止口线在腰下形成立体的微微起伏。检查正面、背面的立体造型效果（图5-168、图5-169）。

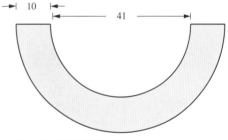

图5-167　腰部装饰边取样

Tips：立体裁剪和平面制图最终都可以获得理想的波浪造型，在具体的实现过程中，应根据波浪的特点进行选择，如形态规则、拼接线常规的宜选用平面制图后裁片试样的方式，以提高效率。

（17）将长波浪饰边做好标记，尤其是在每个内周作用点、腰线交点处，必须做好对位记号，取下平面确认。放缝修剪后与左右裙片在分割线处按照对位记号对位别合。装上5cm宽的裙腰后，整件不对称波浪装饰边鱼尾裙的立体造型见图5-170。

（18）样板共包括左右前裙片、后裙片、左右前下摆波浪片、后下摆波浪片、波浪装饰边和腰部饰边共8片。其中波浪装饰边的内周呈明显的不规则状（图5-171）。

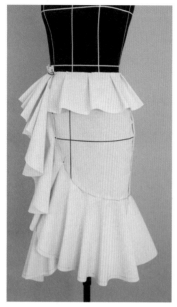

图5-168　腰部装饰边正面坯样效果

图5-169　腰部装饰边背面坯样效果

图5-170　整件坯样的完成着装效果

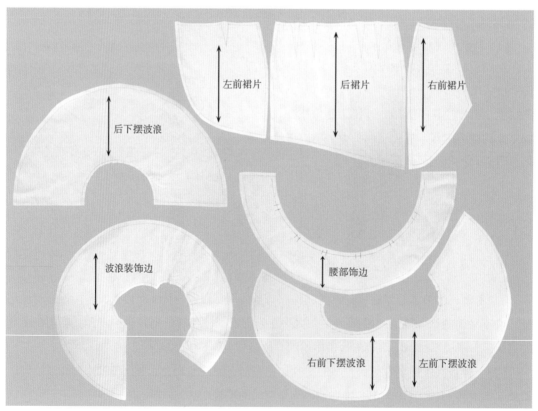

图5-171　确认最终样板

第八节　六片A型插片裙的平面结构设计

一、款式分析

整体裙子由前后各三片共六片裙片组成，前中、后中都是连裁结构，拉链装在侧缝里。在各条纵向分割线的下摆处都加入了插片，使裙摆扩展并富有层次。插片可采用与裙身不同的面料质地、色彩或图案，使其形成更丰富的变化（图5-172）。

图5-172　六片A型插片裙

二、规格设计（表5-1）

表5-1　六片A型插片裙的规格设计

单位：cm

号型	部位尺寸	腰围（W）	臀围（H）	腰长	裙长（不含腰）	腰头宽
160/68A	净体尺寸	68	90	18	—	—
	加放尺寸	1	6	—	—	—
	成衣尺寸	69	96	18	60	3

三、平面结构设计方法和要点

因该款是对称款式，只需绘制半身的结构图，前中、后中线为连裁线（图5-173）。

1. **绘制框架**　在前中线和后中线上取规格设计表中的裙长、腰长尺寸，作出腰围、臀围、下摆三条水平辅助线。前后臀围各取1.5cm的松量（即全身6cm的臀围松量），从臀侧点

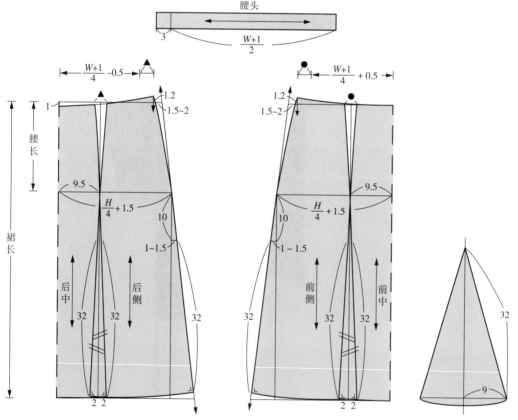

图5-173　六片A型插片裙的平面结构设计图

向下作垂线至下摆辅助线。

2.　**确定 A 型裙臀围以下的侧缝斜率**　臀侧点垂直向下取 10cm，向外侧取 1~1.5cm 定点，将臀侧点与该点直线连接，并上下延长至腰围辅助线和下摆辅助线，即为侧缝辅助线。从 A 型裙的形成原理可知，A 型裙的廓型就是通过将基本型半裙的一部分腰省量转移到下摆，使之成为下摆的扩张量（参见第四章第一节）。侧缝取 10∶1~1.5 的斜率就是实现这一过程的经验数值，也是 A 型裙平面结构设计的关键参数。

3.　**绘制侧缝线**　在前后腰围辅助线上各取侧缝撇量 1.5~2cm，侧缝起翘量取 1.2cm，即得腰侧点。从腰侧点绘制顺畅的弧线与侧缝辅助线连接，即为侧缝线。腰侧点的起翘量从基本型半裙的 0.7cm 变化为 1.2cm 是 A 型裙廓型的另一个关键结构参数，也是从基本型半裙转移部分腰省量到下摆的必然结果。

4.　**绘制前后腰口弧线**　后腰中点低落 1cm，前腰中点无需低落，分别绘制平顺的弧线至腰侧点。注意前后腰中点处需保持直角，腰线与侧缝线相交的腰侧点处也都保持直角。

5.　**设置纵向分割线的位置**　分割线的具体位置是一个设计值，主要需考虑各片之间的宽窄比例，在此例中，取中片的臀围宽 9.5cm 是考虑中心线为连裁结构，制图时因为是对称款式，只做了右半边的图，因此最终整条裙子的中片臀围宽为 19cm，侧片臀围宽为 14.5cm。如果中心线为断缝结构，这条中片和侧片之间的分割线则可适当往侧缝方向移动，以获得美观的各片比例。过臀围线上的分割线位置作铅垂辅助线。

6.　**绘制纵向分割线**　这条纵向分割线经过了立体的腰臀部位，因此是一条具备立体造型作用的结构线，起到收腰并加摆的作用，即它应在腰臀部位收取腰臀差，同时下摆适当加摆，与侧缝的加摆量形成平衡，实现裙子的立体造型。因此首先计算出剩余的腰臀差量，后腰按照计算公式（W+1）/4-1 取点，与后腰侧点之间的差值即为后分割线需处理的腰省量；前腰按照计算公式（W+1）/4+1 取点，与前腰侧点之间的差值即为前分割线需处理的腰省量。将腰省量设置在分割辅助线两侧，下摆加放 2cm 的摆量，绘制出分割线。分割线的线条特征呈现出上弧下直的形态，即在贴合人体的腰腹部和腰臀部呈微弧形，臀围以下则为直线。

7.　**插片的设计**　插片在裙片上的位置的高低和插片的具体形状都是设计值，只需在分割线上确定合适的插档点，确保插片与之相拼接的部位长度相等即可，插档点的高低位置也可设计变化。此例中插片为扇形，与裙子的下摆线形成水平状。插片也可以设计成四边形等形状，那就会形成不等长的裙摆。扇形插片的角度越大，在下摆处形成的面料堆积波浪也就越大。

8.　**丝缕取向**　裙片（前中、前侧、后中、侧后）取前中、后中为经向丝缕方向，插片取中心对称轴为经向丝缕方向。

第九节　纵分抽褶紧身裙的平面结构设计

一、款式分析

紧身裙廓型，前裙片采用不对称设计，纵向分割线位于左侧公主线处，腹部的横向碎褶肌理效果是整条裙子的亮点（图5-174）。

图5-174　纵分抽褶紧身裙

二、规格设计（表5-2）

表5-2 纵分抽褶紧身裙的规格设计

单位：cm

号型	部位尺寸	腰围（W）	臀围（H）	腰长	裙长（不含腰）	腰头宽
160/68A	净体尺寸	68	90	18	—	—
	加放尺寸	1	4	—	—	—
	成衣尺寸	69	94	18	58	3

三、平面结构设计方法和要点

该款前裙片是非对称款式，因此需绘制完整的前裙片（图5-175）、后裙片同基本型半裙，在此省略。

1. **绘制前裙片的整体框架和右半身的结构图** 按照规格设计表中的裙长、腰长和臀围尺寸，作出腰围、臀围、下摆3条水平辅助线、左右侧缝线和前中心线。右半裙的结构设计方法同基本型半裙，即将腰臀差分解为侧缝撇量（1.5cm）和两个前腰省。

2. **确定左半身的分割线位置** 分割线的位置是一个设计值，考虑人体是立体的，因此不要太靠近侧缝线，此例在臀围线上取距前中心线10cm，约在公主线处。

3. **纵向分割线的结构作用** 因左侧仅有一条纵向分割线，不能把所有的腰臀差集中在此，否则腹部的凸点会很突出，不符合人体的立体形态。所以适当加大侧缝的撇量（2cm），再取0.5~1cm的腰臀差通过腰围的吃势解决，将剩余的腰臀差放置在分割线中，总之以分解的方式来处理左半裙的腰臀差。

4. **抽褶部位** 因为是局部抽褶，所以必须明确具体的抽褶部位，并做好对位记号，此例的对位记号做在分割线上，距离腰围线和臀围线各4.5cm处，切记对位记号是一对一对地使用的，必须在分割线左右两片同步使用。

5. **抽褶量** 在处理抽褶量时，首先将右侧的两个腰省闭合转移过去成为碎褶量，然后预估一下想要得到理想的抽褶效果需要几倍长度的布料，这需要一定的经验，当然还和面料性能有关系，建议先用一小块面料在人台相应部位模拟出理想效果后再展平测量。这个例子中需要对3倍于原长的面料进行抽缩，仅靠右侧腰省转移过去的量是不够的，因此还需要在此基础上人为增加碎褶量，通过均匀展切的方式得到3倍于原长的抽缩量，修顺后得到结构线。

6. **修正右侧侧缝** 将右侧因为展切而不顺畅的侧缝线修顺，因为碎褶可以看作是由许多细小的褶裥组合而成的，消失点是分散的、模糊的。

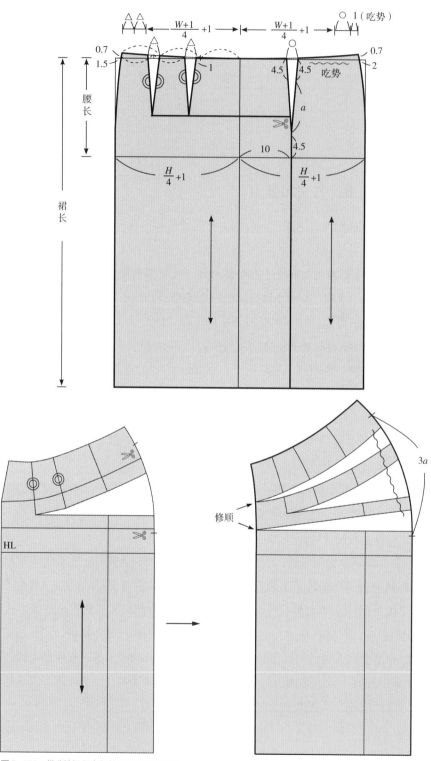

图5-175 纵分抽褶紧身裙的平面结构设计图

第十节 A型侧褶裙的平面结构设计

一、款式分析

中等长度的A型裙，前裙片在侧面有两个褶裥，从腰部固定至臀部，裙摆自然张开；后裙片半身有一个腰省（图5-176）。

图5-176 A型侧褶裙

二、规格设计（表5-3）

表5-3 A型侧褶裙的规格设计 单位：cm

号型	部位尺寸	腰围（W）	臀围（H）	腰长	裙长（不含腰）	腰头宽
	净体尺寸	68	90	18	—	—
160/68A	加放尺寸	0	6	—	—	—
	成衣尺寸	68	96	18	60	3

三、平面结构设计方法和要点

因该款是对称款式，只需绘制半身的结构图，前中线、后中线为连裁线（图5-177）。

1. **绘制框架** 在前中线和后中线上取规格表中的裙长、腰长尺寸，作出腰围、臀围、下摆三条水平辅助线。前后臀围各取1.5cm的松量（即全身6cm的臀围松量），从臀侧点向下作垂线至下摆辅助线。

2. **绘制A型裙的侧缝辅助线** 臀侧点垂直向下取10cm，向外侧取1~1.5cm定点，这是A型裙平面结构设计时的关键参数。将臀侧点与该点以直线连接，并上下延长至腰围辅助线和下摆辅助线，即为侧缝辅助线。

3. **绘制侧缝线和前后腰口弧线** 在前后腰围辅助线上各取侧缝撇量1.5~2cm，侧缝起翘量取1.2cm，即得腰侧点。从腰侧点绘制顺畅的弧线与侧缝辅助线连接，即为侧缝线。后腰中点低落1cm，前腰中点无需低落，分别绘制平顺的弧线至腰侧点。注意前后腰中点处需保持直角，腰线与侧缝线相交的腰侧点处也都成直角。

4. **绘制后腰省** 在后腰线上量取后腰围［（W+1）/4-0.5］cm后，剩余的腰臀差作为后腰省量，省位取后腰围线的中点，省尖距离臀围线5cm。

5. **确定前裙片上褶裥的位置** 褶裥的位置属于设计值，与分割线的设计原理类似，主要考虑形成各块面之间的宽窄比例。本例有两个褶裥，设计为第一个褶裥在臀围线上距离前中心9cm，与第二个褶裥间隔4.5cm，两个褶裥相对比较靠近。

6. **绘制褶裥结构线** 纵向的褶裥以闭合的状态经过人体的立体腰臀部位，起到立体造型的作用，因此在褶裥中将腰臀差分解放入，褶裥下摆适当加摆，与侧缝的加摆量形成平衡，这正是纵向功能性褶裥的结构作用与纯装饰性平面褶裥的不同之处。在此例中，前腰线上量取前腰围［（W+1）/4+0.5］cm后，剩余的腰臀差均分，作为两个褶裥需要处理的量。因为两个褶裥比较靠近，为使中间块面的腰臀比例协调美观，只在此块面的腰围上收取了0.5cm的量。绘制褶裥线时在贴合人体的腰腹部的线条呈弧形，在臀围以下的线条为直线，加摆1.5cm，这体现了这类褶裥的线条特征。还需标注褶裥的缝止点，此款定在臀围线上方5cm。

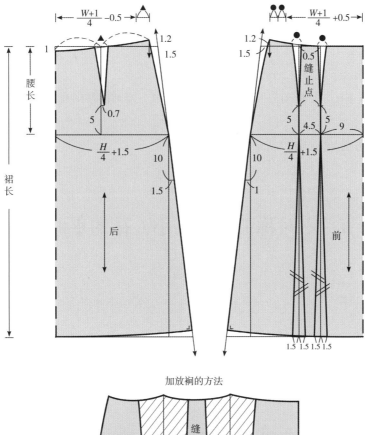

加放裥的方法

图5-177 A型侧裥裙的平面结构设计图

7. **确定褶裥深度** 褶裥深度也是一个设计值，太深或太浅都不合适，太深会重叠过厚，太浅则不易保型。一般不超过面布的宽度，此例两个褶裥之间的面布宽度为4.5cm，褶裥深度设计为3~4cm比较合适。因此，在臀围线上加放8cm的褶裥量形成4cm的褶裥深度，为保持臀围线的水平状态，下摆加放5cm的褶裥量。

8. **修正前腰围线** 将褶裥按照缝制状态折叠成型，修顺前腰围线后打开褶裥，最终样板的腰围线呈折线状。

样板的绘制方法如图5-177所示。

第十一节　不对称弧线分割小A裙的平面结构设计

一、款式分析

低腰的小A廓型，前裙片采用不对称设计，右侧有一腰省，从左侧侧缝引出两条弧形分割线直至裙摆，下摆处的独特波浪插片给整条裙子增加了趣味和动感（图5-178）。

二、规格设计（表5-4）

表5-4　不对称弧线分割小A裙的规格设计　　　　　　　　　　单位：cm

号型	部位尺寸	腰围（W）	臀围（H）	腰长	裙长	腰头宽
	净体尺寸	68	90	18	—	—
160/68A	加放尺寸	0	6	—	—	—
	成衣尺寸	68	96	18	59	3

注　此表中的腰围尺寸是指正腰位的尺寸，低腰位的尺寸需在完成结构设计后量取获得。

三、平面结构设计方法和要点

后片为对称款式，只需绘制半身的结构图，后中线为连裁线。前片为非对称款式，需绘制整个前片的结构图。

1. **绘制后裙片的结构图** 按照规格表中的腰长、裙长、成品臀围尺寸绘制横平竖直的框架线后，取10：1的侧缝斜率作辅助线，腰侧撇量取1.5~2cm，起翘1.2cm是构造A型廓型的关键参数，将剩余的腰臀差作为后腰省量。

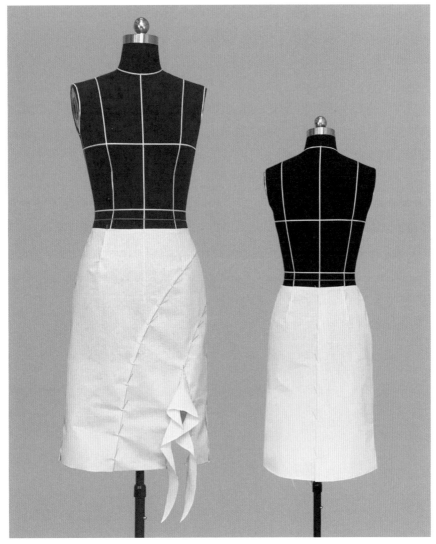

图5-178 不对称弧线分割小A裙

2. **绘制前裙片的基础结构图** 与后裙片相似，取10：1的侧缝斜率作辅助线，腰侧撇量取1.5~2cm、起翘1.2cm，绘制前侧缝线和前腰线，将前腰线上的余量作为前腰省量。

3. **确定弧形分割线的结构作用** 这个款式前裙片上有两条弧形分割线，第一条弧形分割线靠近腰部，经过人体左侧的腰臀立体部位，属于功能性的分割线；第二条弧形分割线位于下方，平行于第一条分割线，属于裙摆部位，与人体的立体区域无关，因此是纯装饰性的线条。不同的结构作用决定了应采用不同的结构处理方法。

4. **绘制弧形分割线** 结构设计时，第一条弧形分割线应与左侧前腰省的省尖相交，这样才能将该腰省转移到此分割线中，因此从侧缝线引出，经过腰省省尖，到前中线8cm的下摆，形成一条顺畅的弧线；第二条弧形分割线仅需考虑线条本身的美感，此例中两条弧线平行间距12cm。

5. **波浪装饰插片**　如前所述，插片在裙片上的位置高低和插片的具体形状都是设计值，只需在分割线上确定出合适的插裆点，确保相拼接的部位长度相等即可。此款裙子的插裆点定于第二条弧线下摆向上量取24cm处：作垂线向下过底摆线14cm，然后以对称的方式获得另一侧的结构线，得到由上下两个等腰三角形组成的四边形。在垂线上做好剪切辅助线，经过剪切展开加入波浪量，修顺波浪外止口线和拼接线，同时确认波浪片的拼接长度保持24cm不变。

6. **低腰及腰贴**　此类低腰款式在规格设计时，只能按照正腰位的腰围尺寸进行设计，制图时在正腰位的结构图上将腰位降低，此款降低了2cm，然后量取腰围尺寸作为成品的规格。这个方法在处理非正腰位的裙子结构时具有通用性。此款裙子不仅低腰，而且不是装腰结构，属于无腰款，因此必须用腰贴使腰部保型并隐藏裙片腰止口线的缝份，一般腰贴的宽度取3~3.5cm，将裙片上的腰省闭合后获得腰贴样板。

样板的绘制方法如图5-179所示。

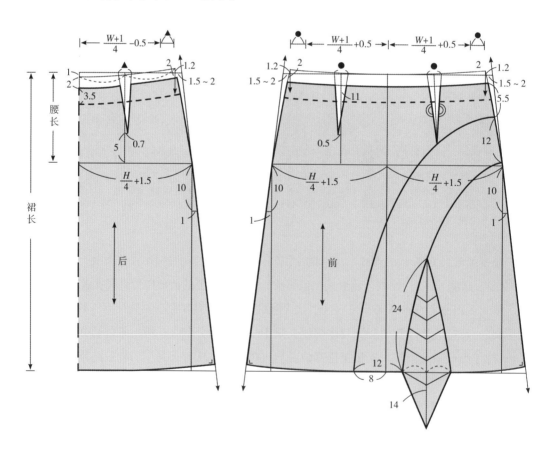

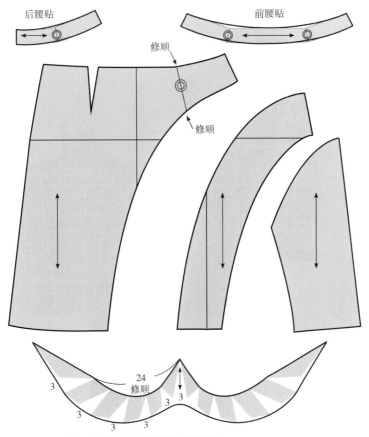

图5-179　不对称弧线分割小A裙的平面结构设计图

第十二节　低腰横分迷你裙的平面结构设计

一、款式分析

该款属于低腰迷你裙，横向分割线贯穿前后裙片，前裙片的碎褶集中在小贴袋下方，后裙片的少量碎褶则位于后中心下摆处，既相互呼应又富有变化，整体显得活泼可爱（图5-180）。

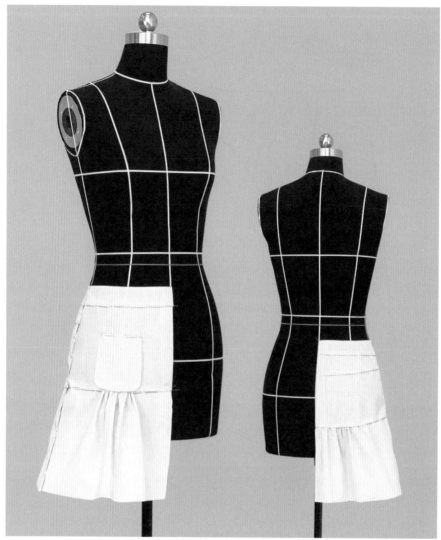

图5-180　低腰横分迷你裙

二、规格设计（表5-5）

表5-5　低腰横分迷你裙的规格设计　　　　　　　　　　　　　　　　　单位：cm

号型	部位尺寸	腰围（W）	臀围（H）	腰长	裙长（不含腰）	腰头宽
160/68A	净体尺寸	68	90	18	—	—
	加放尺寸	1	6	—	—	—
	成衣尺寸	69	96	18	41	3

注　此表中的腰围尺寸是指正腰位的尺寸，低腰位的尺寸需在完成结构设计后量取获得。

三、平面结构设计方法和要点

这款迷你裙是对称款式，只需绘制半身的结构图，前中线、后中线为连裁线。

1. **绘制前后裙片的基本结构图**　按照A型裙的作图方法绘制前后裙片的基本结构图，注意把握侧缝斜率、侧缝撇量、腰侧起翘量等关键结构参数，具体参见A型侧褶裙。

2. **绘制低腰腰头**　对于这款裙子的低腰腰头来说，它只是形式上以装腰的形式与裙片缝合，实质上它在人体的腰臀立体区域内，因此在平面结构设计制图时需要在正腰位的裙片上截取获得。如图5-181所示，在完成的基本裙片上先平行于正腰位腰线下降4cm，然后截取4cm宽的腰头，将省道合并后得到弧形的腰头。前腰头下方还会有少量的前腰省余量，可作为吃势，在缝制时通过工艺处理实现。闭合省道后需要修顺腰头的上下止口线。

3. **绘制横向分割线**　这款裙子的横向分割线较多，除腰头外，前片有一条，后片有两条。后片腰头下方的横向分割线也称育克线，它经过人体背面立体的腰臀部位（即后腰省区域），因此是一条有立体功能的分割线，需要把后腰省转移至该分割线中，即图中所示的将后腰省闭合后修顺上下止口线。

而前后裙片靠近下摆的分割线与人体立体型无关，属于装饰性的分割线，因此在绘制时重点关注横向分割后形成的各块面比例，通常从上到下，各块面的长度逐渐加长，这样视觉效果较好。此款裙子的前分割线为水平线，后分割线为斜线，它们在侧缝处对合。

4. **确定抽褶部位**　这款裙子的前后抽褶造型稍有区别，但都是局部抽褶，所以都必须明确具体的抽褶部位，并做好对位记号。前裙片的抽褶部位在口袋下方，因此可以先绘制口袋，然后以口袋左右边缘作为抽褶对位点。后裙片的抽褶部位取分割线靠近后中心14cm处。

5. **确定抽褶量**　前后的抽褶都是纯装饰性的，因此只需考虑抽褶效果。在前贴袋下方采用3倍面料长度的抽褶比例（原长9.5cm，加放褶量后为28.5cm），体现集中性的装饰；而后片后中心处则采用2倍面料长度的抽褶比例，表达松散性的装饰。

6. **确定丝缕方向**　前后腰头和后育克为了承重保型，在其裁片的长度方向采用经向丝缕，其余前后上下裙片均采用前后中心线方向的直丝缕。

样板的绘制方法如图5-181所示。

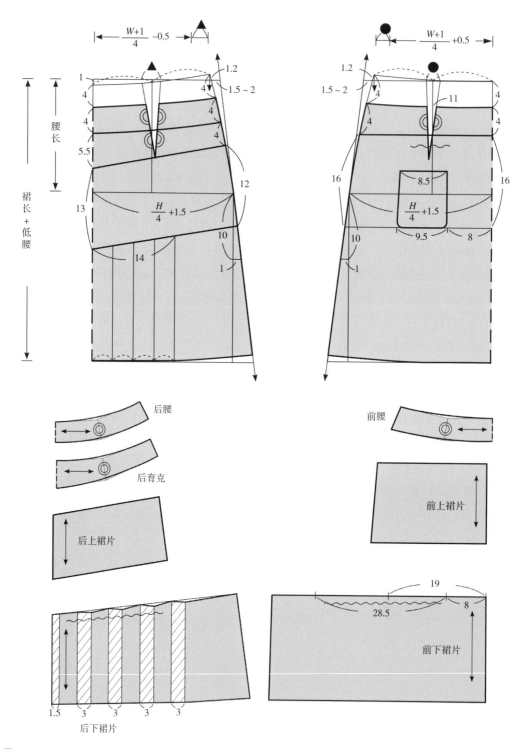

图5-181　低腰横分迷你裙的平面结构设计图

第十三节　纵分横褶饰边裙的平面结构设计

一、款式分析

这款半裙在长度上用前短后长的反差形成了拖尾的效果，前片的横向碎褶增加了细腻的肌理感，后片的鱼尾型则包裹出臀部的流线型，侧面垂挂的插片和下摆带有褶裥的饰边营造出华丽的装饰感，整体视觉层次丰富，富有动感（图5-182）。

图5-182　纵分横褶饰边裙

二、规格设计（表5-6）

表5-6　纵分横褶饰边裙的规格设计

单位：cm

号型	部位尺寸	腰围（W）	臀围（H）	腰长	裙长（不含腰）	腰头宽
160/68A	净体尺寸	68	90	19	—	—
	加放尺寸	0	4	—	—	—
	成衣尺寸	68	94	19	75（后中）	—

三、平面结构设计方法和要点

1. **绘制前后裙片的基本框架结构**　按照规格表中的腰长、前后裙长、成品臀围尺寸横平竖直地绘制出前后裙片的框架线。

2. **确定纵向分割线位置**　此裙全身为八片，因分割的片数多，采用在臀围线上均分的方式设置分割线，即在前、后臀围的中点处作垂直的分割辅助线，同时前后中心线作为分割辅助线。

3. **分解处理腰臀差量**　因为腰臀廓型紧身，腰臀差较大，仅依靠侧缝或通过臀围中点的分割线处理会造成省量过于集中、凸点过凸的问题。前后中心线也通过腰臀曲面，也应处理部分腰臀差，即采用每条纵向分割线都承担的分解的方式来实现腰臀差。如图5-183所示，将腰臀差分解成四份，中心线处放入一份的量，过臀围中点的分割线中放入两份的量，侧缝放入一份的量，也可进行微调。

4. **绘制前后分割线**　后分割线臀围以下形成鱼尾造型，需确定中裆点（即最窄点）和加摆量，这属于设计值，如图收窄1cm、加摆5cm。前分割线臀围以下是平面拼接关系，无须结构处理。每条分割线从腰线出发，以微弧的线条至臀围线，臀围以下按造型处理。

5. **绘制下摆弧线**　此款裙子的下摆前短后长，在侧缝处连接，用顺畅的弧线绘制出从前侧过渡到后中心的弧形下摆线。

6. **确定侧片拼接位置**　在侧缝辅助线上取弧线曲率变化最大的小块面作为侧面插片的拼接位置，如图5-183中的a、b。

7. **确定抽褶部位和抽褶量**　这款裙子的局部抽褶造型分布在前中片和前侧片的下半部分，所以都必须标注出具体的抽褶部位，并做好对位记号。前中线和前分割线的抽褶量也有差异，前分割线的抽褶比例是原长的2倍，而前中线对应部位的抽褶比例为原长的1.5倍。前侧片和前中片的剪切拉开方式也有所不同，前侧片仅剪切分割线处，侧缝处无须拉开；而前中片则中心线和分割线都需剪切拉开，各线条加入相应的碎褶量后，修顺结构线并核对长度。

8. **绘制侧面插片**　分别量取前后裙片对应的长度 a 和 b 后，作出 90° 直角边的两边长度，绘制出弧线。为使插片的垂荡效果优良，特取面料的斜丝方向。

9. **绘制饰边**　该裙子的下摆饰边是纯装饰性的，可量取裙子的整体下摆边缘长度后，加上工字褶裥的量（如图 5-183 中所示 5cm 的表布宽、工字褶裥单侧深度 1.5cm），然后按照圆周长的计算方法算出内圆的半径。此例中采用了两个内径为 22cm 的圆，再取 12cm 的饰边宽度，获得圆环形裁片。

样板的绘制如图 5-183 所示。

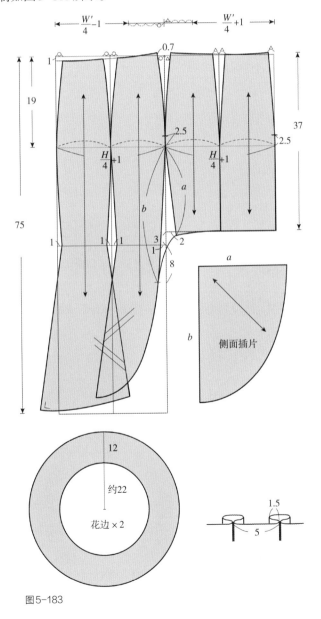

图 5-183

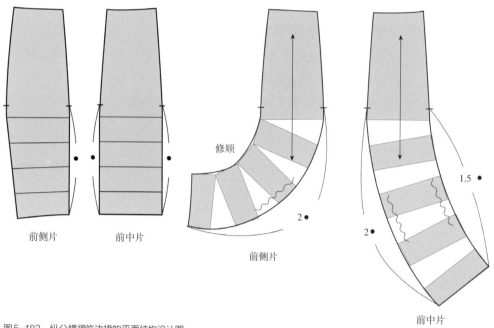

图5-183 纵分横褶饰边裙的平面结构设计图

思考与练习

自选一款半裙,根据其款式特点选择立体裁剪或平面结构设计的方法完成坯样制作,并分析其结构设计的要点。

第六章

女裤概述

课程内容：1. 女裤的廓型分类

2. 按裤子的腰位高低分

3. 女裤的常见构成部件

课题时间：2课时

教学目的：阐述女裤的廓型分类、腰位变化和常见构成部件，使学生了解女裤的概念和特点，以及常见构件部件的功能和形式。

教学方式：讲授、讨论与练习

教学要求：1. 了解女裤的廓型种类和基本特点

2. 了解女裤的腰位变化对视觉效果的影响

3. 了解女裤常见构成部件的功能及多种变化形式

　　裤子是实用性和功能性很强的服装品种。从我国出土文物和历史文献记载看，早在春秋时期人们已经开始穿着裤子，那时的裤子只有两只裤腿，无腰无裆。到了战国时期，赵武灵王推行胡服骑射后，满裆长裤才开始在军队和百姓中穿着。从西方服装发展史来看，女性穿裤子主要是从19世纪开始的，随着喜爱骑马运动和进入社会工作的女性不断增加，女式长裤的功能性得以发挥，并随之流行。第二次世界大战后，女性的社会地位进一步提高。1968年著名时装设计师伊夫·圣·罗兰（Yves Saint Laurent）发表的长裤套装将男装的线条与女装的优雅相结合，成为社交场合的正式穿着。

　　发展至今，女裤的款式变化丰富，种类繁多，有多种的分类角度。从功能性上可以分为内裤、家居裤、运动裤、日常外穿裤等。从宽松形态角度可以分为宽松型、合体型和紧身型等。从穿着场合可以分为西裤、牛仔裤、沙滩裤、马裤、睡裤、健美裤、工装裤等。

一、女裤的廓型分类

　　1. **直筒裤**　裤管整体呈直筒状的外观，脚口与膝盖处基本同宽，裤腿中心的挺缝线常常被熨烫成形，凸显出裤腿的挺直，裤腿会因为围度的大小差异与人体形成合体或宽松的穿着效果，整体有稳重的感觉（图6-1）。

图6-1　直筒裤

2. **锥形裤**　裤型上紧下松，臀部宽松，脚口收紧，裤腿从上到下慢慢变窄，尤其是小腿到脚踝部分瘦小，搭配高腰有助于拉长腿部线条（图6-2）。

3. **喇叭裤**　喇叭裤紧裹臀部及大腿部位，从膝盖附近开始逐渐张开，裤腿整体呈喇叭状，形成上紧下松的外观效果。按照脚口的张开程度，可以分为大喇叭裤、小喇叭裤和微型喇叭裤（图6-3）。

图6-2　锥形裤

图6-3　喇叭裤

4. **灯笼裤**　裤型在腰部与脚口都收小合体，臀部和裤腿处宽大，形成上下两端紧中间松的形如灯笼的外观，故此得名（图6-4）。

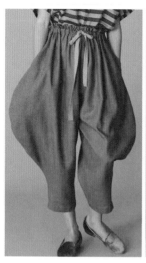

图6-4　灯笼裤

5. **阔腿裤**　裤型在腰腹部和臀部都较合体，在臀部以下从大腿处到脚口逐渐肥大，类似于裙子中的A型裙，宽松的裤腿轮廓简洁大气（图6-5）。

图6-5　阔腿裤

二、按裤子的腰位高低分

与裙子的腰位类似，裤子正腰位腰头位于人体腰部最细处，体现出女性纤细的腰身。

裤子也可通过腰头位置的高低变化来丰富上下身的视觉比例效果。高腰裤通过提高腰线来拉长下半身的长度，更显腿长；低腰裤的腰头通常在肚脐下方，常与短上衣搭配，展现女性曼妙的腰腹部曲线（图6-6、图6-7）。

图6-6　高腰裤

图6-7　低腰裤

三、女裤的常见构成部件

　　从结构配置的角度来看，女裤大体由腰头、脚口、口袋、门襟等局部部件或部位组成，由于裤子更注重实用性和功能性，在装饰上不如裙子丰富，因此常在这些部件或部位上做一些变化以丰富视觉效果，作为设计亮点。

1. **腰头** 通过绳带绑结、荷叶抽绳、褶裥折叠、不对称折转、露腰系带、不规则轮廓或双层重叠等手法，改变常规的腰头造型，将视线聚焦在腰部，提升整体造型感和独特性（图6-8）。

图6-8 女裤的腰头造型

2. **脚口** 运用翻边、系带、绑扣等方式以及与拉链、纽扣等附件配合，将脚口或缩小、或放大、或开衩、或折叠，并与鞋子搭配，使原本平平无奇的脚口体现出设计师奇思妙想的小心思（图6-9）。

图6-9　女裤的脚口造型

3. **口袋**　口袋是女裤中的主要部件，不仅具有实用功能，而且因其块面感强常被用于明显部位，兼具装饰功能，其中最常见的是牛仔裤后裤片上的贴袋，已经成为牛仔裤的代表性标志之一。运用贴袋、挖袋、插袋等形式，再配合袋盖的变化，使口袋的设计从造型、层次、工艺到整体装饰都丰富多彩，兼具功能性和装饰性，新颖的轮廓和独特的装饰细节常常使口袋成为女裤的设计亮点（图6-10）。

图6-10　女裤的口袋造型

4. 门襟　门襟主要为了裤子穿脱的方便，因其一般位于前中心位置，通过设计变化后往往成为打破常规视觉效果的亮点。运用翻折、不对称、覆盖、外轮廓线变形及褶裥等手法，结合分割线、口袋等突出块面感和线条感，新颖别致（图6-11）。

图6-11　女裤的门襟造型

思考与练习

1. 女裤常见的廓型有哪些？每种廓型各有何特点？
2. 请收集图片资料举例说明女裤有哪些主要构成部件。

第七章

女裤基本型的结构设计

课程内容：1. 女裤基本型的立体裁剪
2. 女裤基本型的平面结构设计
3. 女裤基本型的结构设计原理

课题时间：6课时

教学目的：阐述女裤基本型的概念、两种制作方法和结构设计原理，使学生了解掌握女裤基本型的意义，掌握立体裁剪和平面结构设计两种方式获取女裤基本型的方法，同时举一反三了解女裤基本型结构设计的基本方法和规范。

教学方式：讲授、讨论与练习

教学要求：1. 了解女裤基本型的概念
2. 掌握女裤基本型立体裁剪的方法
3. 掌握女裤基本型平面结构设计的方法
4. 掌握女裤基本型的结构设计原理

第一节 女裤基本型的立体裁剪

扫一扫
可见教学视频

一、款式分析

如图7-1、图7-2所示的正腰位直筒裤是最基础的女裤结构，腰部合体，臀部松量适中，裤腿在外观上形成上下等大的视觉效果，挺缝线烫迹挺括，整体造型流畅挺拔，前腰处有一个折向侧缝的活褶，后腰处有一省道。可搭配衬衫、西服、风衣、正装外套等，形成端庄严谨的气质。

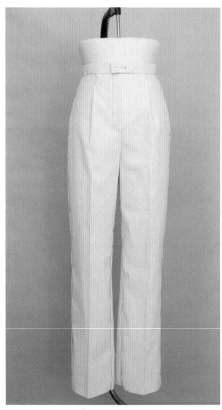

图7-1 女裤基本型（前）

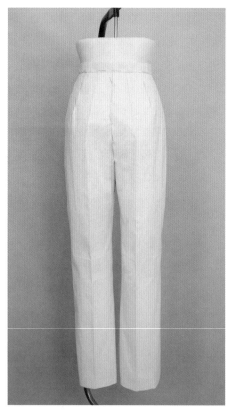

图7-2 女裤基本型（后）

二、人台准备

粘贴好基础标识线的腿形人台如图7-3、图7-4所示，基础标识线的名称、定义和标识方法详见第二章。

三、面料准备

取长为裤长+10cm（图例中为110cm）、宽40cm和50cm各一块坯布分别做前后裤片。两片都在距上边缘23cm绘制横

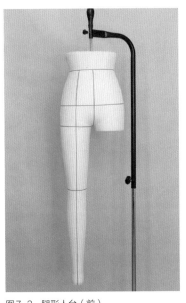
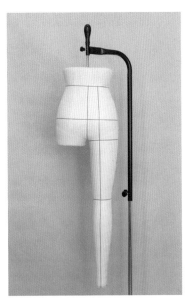

图7-3　腿形人台（前）　　　　图7-4　腿形人台（后）

线作为臀围线，各自取中心轴对称线绘制经向丝缕线作为挺缝线（图7-5）。

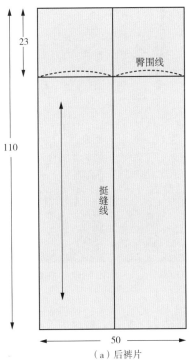
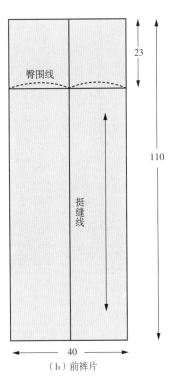

（a）后裤片　　　　　　　（b）前裤片

图7-5　面料准备

四、立体裁剪方法和要点

1. **固定前挺缝线、臀围线**　将前裤片上的前挺缝线、臀围线对齐人台的交点位置并固定，沿臀围线将约1.5cm松量均匀分布后用针固定，挺缝线固定在腰部、臀部和脚口处，确保整个前裤片横平竖直（图7-6）。

2. **固定后挺缝线、臀围线**　同理将后裤片的后挺缝线、臀围线对齐人台固定，固定臀围线时将约1.5cm松量均匀分布，后挺缝线同理固定在腰部、臀部和脚口处，确保整个后裤片横平竖直（图7-7）。

3. **确定裤腿外侧的直筒廓型**　直筒裤的脚口通常取44cm左右。前脚口取（脚口/2-2）cm为20cm，后脚口取脚口/2+2cm为24cm。在前脚口线处以前挺缝线为对称轴量取前脚口，即前挺缝线两侧各10cm；在后脚口线处以挺缝线为对称轴量取后脚口，即挺缝线两侧各12cm，用针别住前后裤片的外脚口点。将前后裤片外侧缝线从臀侧点到脚口线的部分掐别出来，用顺畅线条贴出（图7-8）。

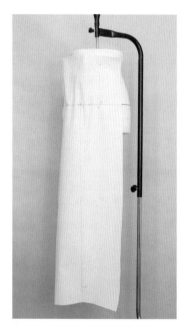

图7-6　固定前挺缝线和臀围线

图7-7　固定后挺缝线和臀围线

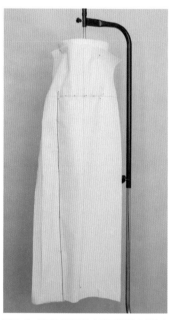

图7-8　粘贴外侧缝线（臀围线以下部分）

Tips：因为臀围、裆宽都是前小后大，为整体上下平衡，脚口的尺寸分配也应设置前后差，即前脚口小，后脚口大，前后差一般为4cm。

4. **确定前裆弧线**　为确定内侧裤腿廓型需先将裤片包裹到裆底，裆底点下降约1.5cm，修剪前中线外侧余布，用笔在坯布表面标记出前裆弧线的形态，注意弧线转角处需圆顺。留取2.5cm的余布粗剪后，在前裆弧线转角的余布上打入剪口，使坯布能自然围绕腿部至裆底，不发生被卡现象（图7-9）。

> **Tips**：对立裁裤子裆部弧线的弧度没有经验时，可以先取一小块布料把人台从臀围线到裆底沿着粘贴的基础标识线拷贝下来作为参考。

5. **确定裤腿内侧的直筒廓型**　前裆弧线自然围绕大腿根后，固定于裆底点，保持挺缝线笔直的状态，依据前脚口量取的内侧点，用胶带贴出顺畅的内侧缝线。此时，直筒裤腿的廓型基本呈现（图7-10）。

> **Tips**：从贴出的内外侧裤筒形状可以看出，裤腿并不是一个上下围度一样的直筒形，而是上宽下窄的筒形，这是因为人体的下肢从大腿根到脚踝处的围度迅速减小，人体与裤子之间的空隙则迅速增大，为了获得视觉上的直筒效果，裤腿也必须上大下小。

6. **确定后中心线**　在裤后片的后中心线与臀围线交界处，设置后裤片在长度方向上需要的松量，臀围线以上的挺缝线自然就会向后中心方向移动，将其固定在腰围线上（图7-11）。

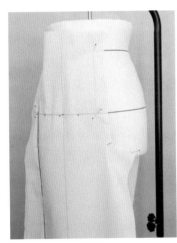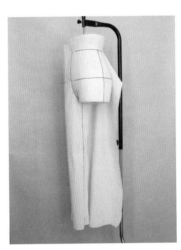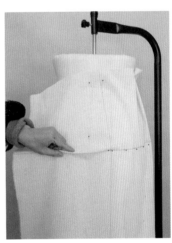

图7-9　确定前裆弧线　　　　　　图7-10　粘贴前裤片的内侧缝线　　　　图7-11　别取后中长度松量

> **Tips**：裙子的立体裁剪中通常只需在臀围的围度上设置松量，而在裤子的立体裁剪中，除了围度松量外，还必须在后臀的长度方向设置松量。这是因为裤子有裆部的束缚，当人体进行坐屈蹲等日常动作时，后臀处的皮肤被大幅拉伸，相应地裤子从裆底到后腰中点的长度必须给出比直立状态时更多的量才能不影响日常动作的舒适性。

7. **确定后裆弧线和内缝线**　修剪后中线外侧余布，用确定前裆弧线的方法，在坯布表面标记出后裆弧线的大致形态，注意弧线转角处需圆顺。留取2.5cm的余布粗剪后，在弧线

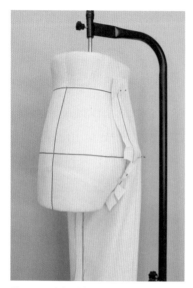

图7-12　确定后裆弧线

图7-13　粘贴后裤片的内侧缝线

图7-14　别取前腰活褶

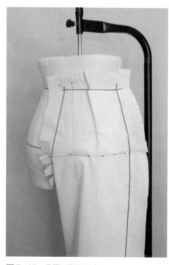

图7-15　别取后腰腰省

转角的余布上打入剪口，使坯布能自然围绕腿部至裆底。可以看到臀围处长度方向的余量在臀部形成的立体空间感（图7-12）。

保持后挺缝线的铅垂状态，贴出从裆底到已量取内侧后脚口点的顺畅弧线，即为后裤片的内缝线，修剪余布（图7-13）。

8.　**确定前腰活褶和后腰腰省**　完成裤腿廓型的塑造后，处理腰臀部位的造型。将前后片的侧缝掐别出来，与下方的外缝线连接顺畅，余布修剪。前裤片的前中心处可以外移0.5~1cm，与前裆弧线顺畅连接。将前腰上的余量在挺缝线处折叠成活褶，表面褶向倒向侧缝。后腰上的余布在中间位置形成省道，省尖指向臀凸。最后贴出前后腰线（图7-14、图7-15）。

9.　**确认整体造型**　将前后裤片的轮廓线（腰围线、前后中心线、前后裆弧线、内缝线、外缝线）和前腰活褶、后腰腰省都做好标记和必要的对位记号，如内外缝线的中裆位置。从人台上取下进行平面确认，放缝修剪，别好前褶、后省后，烫出挺缝线，将前后裤片的内外缝线分别拼合，装上腰头后放回人台检验立体效果（图7-16、图7-17）。

10.　**确认前后裤片样板**　通过立体裁剪得到前后裤片的样板，可以看出前后裤片的裆部结构差异很大，以及后裤片为了包裹凸出的臀部以及满足人体下肢的活动特点在结构上所做的设计（图7-18）。

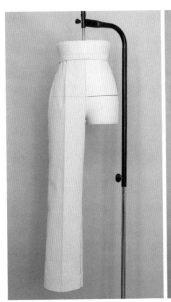
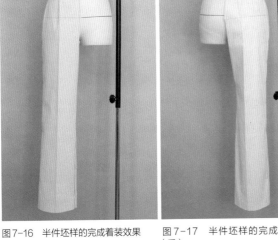
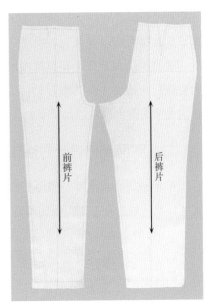

图 7-16 半件坯样的完成着装效果（前）　　图 7-17 半件坯样的完成着装效果（后）　　图 7-18 确认最终样板

第二节　女裤基本型的平面结构设计

一、规格设计

成衣规格是 160/68A，根据我国《服装号型　女子》（GB/T 1335.2—2008）中女体测量部位参考尺寸和款式的放松量设计成品尺寸，如表 7-1 所示。

表 7-1　女裤基本型的规格设计　　　　　　　　　　　　　单位：cm

号型	部位名称	腰围（W）	臀围（H）	腰长	直裆	裤长	腰头宽	脚口
160/68A	净体尺寸	68	90	18	24.5	—	—	—
	加放尺寸	2	6	0	1.5	—	—	—
	成衣尺寸	70	96	18	26	96	4	44

腰部放松量一般为 0~2cm，具体尺寸参考臀部造型，通常臀围放松量较大的款式，腰围放松量较小；反过来当臀围较为合体甚至紧身时，腰围放松量可以稍大。直裆通常放松量为 0~3cm，可以根据臀围放松量的多少进行调节，一般臀围宽松的款式直裆较深，臀部合体的

造型直裆较浅。此款裤长设计为96cm，我国国标160/68A号型中间体腰围高采集尺寸为98cm，脚口约在踝关节以下。

表格中的成品尺寸根据国标净体尺寸和款式需要设计而成，不考虑面料差异如缩水等因素造成的成品尺寸耗损。下文中以H'表示成品臀围，以W'表示成品腰围。此外，表格中的裤长包含腰头宽度，直裆尺寸不包含不在基础母版设计中的腰头尺寸。

二、平面结构设计方法和要点

裤子平面结构设计一般分成三步，首先根据成品尺寸绘制基础框架，然后根据款式绘制轮廓样板，最后在基础母版的基础上绘制零部件样板。

1. 绘制基础框架

（1）作长方形。以宽为$[(H'/4)+1]$cm、长为（裤长-腰头宽）作一个长方形作为后片的基础框架，以宽为$[(H'/4)-1]$cm、长为（裤长-腰头宽）作一个长方形作为前片的基础框架，前后片基础框架并排放置，两个长方形间距不小于$0.16H'$，一般可取值20cm，作为前后裆部的设计空间。其中两侧为侧缝辅助线，中间分别为后中心和前中心辅助线，长方形上部直线为腰围辅助线，下部直线为脚口线。

（2）作横裆线。从腰围辅助线向下量取直裆尺寸作水平线为横裆线。

（3）作臀围线。从腰围辅助线向下量取腰长尺寸作水平线为臀围线。

（4）作后中心斜线。首先过臀围线与后中心辅助线的交点向上量取15cm，然后向后侧缝辅助线方向画水平线，于长3.5cm处确定一点，过该点和臀围线与后中心辅助线的交点画一条斜线并与横裆线和腰围线相交，该线即为后中斜线，并记15：3.5为其斜率。

（5）取前后小裆宽。从后中心斜线与横裆线交点向外$H'/10$在横裆线上取后小裆宽；从前中心线和横裆线交点向外$[(H'/20)-1]$cm在横裆线上取前小裆宽。

（6）作前后挺缝线。在横裆线上，取后横裆宽的中点并向侧缝偏移1cm取点，过该点作一条竖直线为后挺缝线；在横裆线上，取前横裆宽的中点，过中点作一条竖直线为前挺缝线。

（7）作中裆线。取臀围线到脚口线的中点，并向上平移3cm，过该点作一水平线为中裆线。

基础框架完成后如图7-19所示。

2. 绘制轮廓样板

第一，绘制前裤片的轮廓线。

（1）根据成品尺寸确定轮廓关键点。首先计算好前裤片的腰臀差，并在腰围参考线上作合理分配。前臀围是$(H'/4)-1$cm=23cm，前腰围是$W'/4$=17.5cm，差值5.5cm。因为该款式在前片有一个单向活褶，可取值3cm，记为●；侧缝去掉1.5cm，所以前中心收腰1cm即可。根据前收腰量的分配，在腰围辅助线上侧缝处收进1.5cm确定前腰侧点A。前中心处收进1cm，沿前

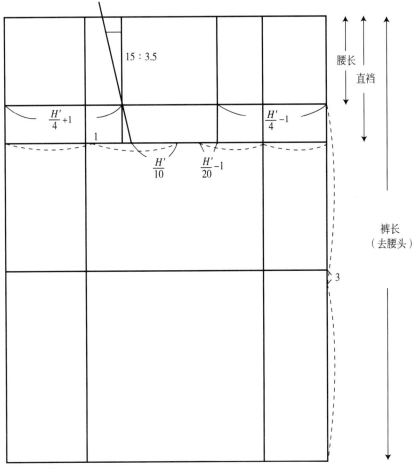

图7-19　前后裤片基础框架

中心线下降1cm确定前腰点B。

其次确定前脚口尺寸，为配合前后裤片在横裆的围度差，脚口尺寸也需要做前后偏分，形成前小后大的形态。在前脚口线取（脚口/2）–2cm，均匀分布在前挺缝线两边，确定内外侧缝线与脚口线交点C和点D。

最后确定前中裆尺寸，为使裤腿在视觉上形成直筒的效果，中裆尺寸应比脚口尺寸略大。在横裆线处取前小裆宽的中点，与脚口线内侧点D连成直线，该直线与前中裆线相交点到前挺缝线的距离为前中裆尺寸的一半,记为"▢"，对称地在外侧中裆线上取相同的尺寸确定点F。

（2）作前外侧缝线。前侧缝线有4个辅助点，从上而下分别为前腰侧点A、臀围线与侧缝辅助线交点G、中裆外侧点F和前脚口外侧点C，过这4个点作前外缝线，其中臀围线以上部分是微凸的曲线，点F中裆到脚口点C为直线，点G至点F是先凸后凹的曲线，使上下两段流畅地衔接。

（3）作前内缝线。前内缝线有3个辅助点，从上而下分别为前横裆宽内侧点I、前中裆内

147

侧点 E 和前脚口内侧点 D，过 3 点作一流畅的曲线，其中中裆以上的部分为微凹的曲线，中裆以下的部分为直线。

（4）作前上裆线。前上裆线在臀围线以上是直线，在臀围线以下是一条向内弯曲的曲线。首先连接臀围线与前中心辅助线的交点 H 和前横裆宽内侧点 I，过前中心辅助线和横裆线的交点作该线的垂线，将垂线三等分，取外侧的三等分点。过该点作圆顺的曲线为前上裆线。

（5）作前脚口线。连接外侧缝线与脚口线两个交点 C 和点 D 即为前脚口线。

（6）作前片褶裥。前片有一个褶裥，在前挺缝线向侧缝方向取 ●（3cm）作褶裥，在褶裥下方臀围线上取 1.5cm 宽画褶裥的两侧直线，由腰围线向下取 5cm 作明线符号。

（7）作前腰围线。按褶裥方向折叠褶裥后在腰围辅助线上修正作前腰围线，确定其与前外侧缝线和前中心线垂直。

第二，绘制后裤片轮廓线。

（1）根据成品尺寸确定轮廓关键点。

首先确定后裆线起翘量，向上延长后裆斜线 3cm，确定后腰点 K。

其次连接后腰点 K 和腰围线与后侧缝线的交点，并在该辅助线上量取后腰围 $W'/4$，余量约 3cm。在侧缝处收进 1cm，确定后腰侧点 L，多余的量作为后腰省道量。

再次确定后脚口尺寸，在后脚口线取（脚口 /2）+2cm，均匀分布在后挺缝线两边，确定内外侧缝线与脚口线交点。

最后确定后中裆尺寸，在中裆线处后挺缝线的两边分别取 "□ +2cm"，在中裆线上确定中裆外侧点 O 和中裆内侧点 P。

（2）作后外侧缝线。后侧缝线有 4 个辅助点，从上而下分别为后腰侧点 L、臀围线与侧缝辅助线交点 Q、中裆外侧点 O 和前脚口外侧点 M，过这 4 个点作后外侧缝线，其中臀围线以上部分是微凸的曲线，中裆至脚口为直线，臀围至中裆是先凸后凹的曲线，使上下两段流畅地衔接。

（3）作后内缝线。后内缝线形态与前内缝线接近，在中裆以下的部分为直线，中裆以上的部分为向内凹进的曲线。因为曲度差异，为保证前后内侧缝线等长，后横裆宽内侧点垂直下降约 0.7cm，向内 1cm 作曲线并向下和中裆至脚口的直线 PN 圆顺连接，作后内缝线。

（4）作后上裆线。后上裆线在臀围线以上是直线，在臀围线以下是一条内凹的曲线，且弧度比前上裆线更大。过后横裆内侧点 T 作横裆线的平行线（落裆线），与后中心斜线相交 U，将其三等分。后中心斜线臀围线到落裆线部分也三等分。连接两线的第一等分点成一辅助直线，并过交角作该连线的垂线，将垂线二等分，取后腰翘 3cm，过后臀围和后上裆直线的交点、靠上的第一等分点、垂线的二等分点、靠右的第一等分点、落裆量之点，作圆顺的曲线为后上裆线。

（5）作后脚口线。连接外侧缝线与脚口线两个交点即为后脚口线。

（6）作后片腰省。重新确认后腰围尺寸，余量在后腰围二等分点处做一个腰省，省道与后腰围基本垂直，长12cm。

（7）作后腰围线。闭合后腰省后在腰围辅助线上修正作后腰围线，确定其与后外侧缝线和后中心线垂直。

女裤基本型样板如图7-20所示。

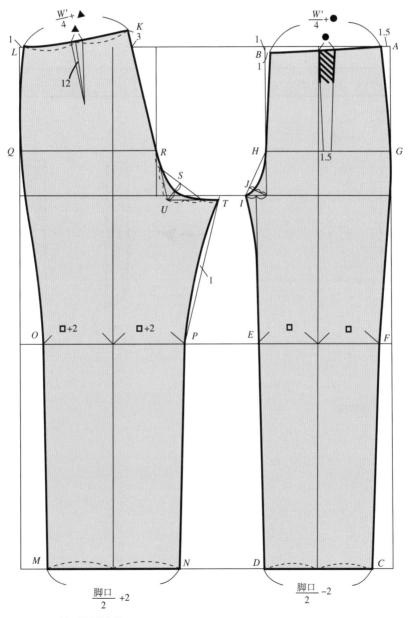

图7-20　前后裤片轮廓线

3.绘制零部件样板

（1）绘制腰头和腰袢样板。这款女裤是正腰位设计，腰头宽3cm，腰围70cm，在腰头右侧向外延伸3.5cm作为搭门量。在距腰头止口1.75cm的地方分别作扣眼和纽扣。具体样板如图7-21所示。

（2）绘制前门襟样板。沿前腰围线取3cm作为门襟贴边的宽度，平行前中心线画直线到臀围线附近，转作圆顺的曲线至前中心线约臀围线下2cm，为前门襟贴边样板。量取门襟贴边的长度，以7cm宽作一长方形为前里襟。具体样板如图7-22所示。

4.样板的放缝及丝缕标注　所有样板的放缝尺寸和丝缕方向如图7-23所示。

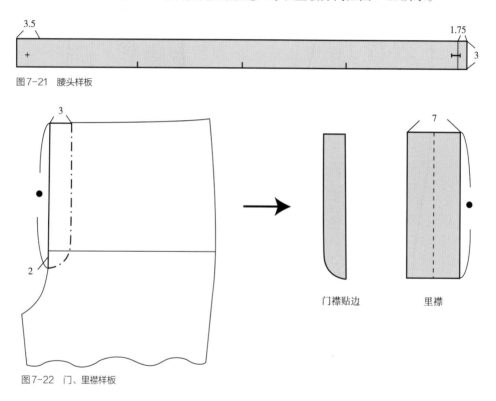

图7-21　腰头样板

图7-22　门、里襟样板

门襟贴边　　　里襟

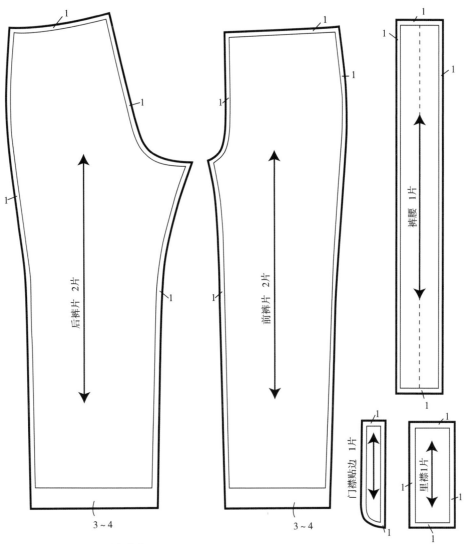

图7-23 女裤基本型样板放缝

第三节　女裤基本型的结构设计原理

从结构上看，裤子和裙子都以1/4的腰围和臀围尺寸为基础，根据款式需要进行调整，再以此为尺寸进行构图。裤装中的裆部、双腿独立包裹结构是区别于半裙的主要结构特征。下面按照制图顺序从女性下体的静态特点以及运动特征两方面详细地分析对裤子结构的影响。

一、前后臀围及分配

裤子和裙子都是下装，从前文半裙结构分析可以得知，臀围的放松量最少为4cm，但由于裤子有裆弯结构，在人体活动的过程中会影响腰臀部位的伸展，所以一般裤子的臀围松量取得稍大一些，如基本女裤的臀围松量取6cm，这是合体裤的臀围加放量。在裙子的结构设计中，前后臀围取成相等，都是$H'/4$。而在裤子的结构设计中，一般前裤片取$H'/4-1cm$，后裤片取$H'/4+1cm$，有前后差。同样的人体为什么会有这样的差别呢？实际上臀围的分配主要取决于两点：一是人体前后身实际的尺寸差异，二是侧缝的设计位置。因为人体特有的S型曲线，臀部凸起，使得在臀围截面处的后臀围大于前臀围，但只要整体臀围能满足人体需要，前后臀围的长度差可以相互弥补，体现在外观上即为侧缝线在人体上的位置。因此在进行下装结构设计时，臀围尺寸前后身的分配主要考虑的是侧缝线的设计位置。如图7-24所示，人体的手臂自然下垂时，前臂自然前倾，中指指向人体下肢偏前的位置，而当侧缝处有口袋设计时，为了方便口袋的使用，使取放更为自然，通常将侧缝线适当前移，因此女裤基本样板中将侧缝线向前偏移1cm，形成前后臀围尺寸差。如果侧缝处没有口袋设计，臀围差异可以减小，甚至相反——侧缝线向后偏移，这一设计并不会影响人体的正常穿着，仅仅体现为侧缝在人体上的位置有所变化。

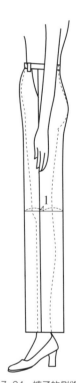

图7-24　裤子的侧缝

二、直裆深

直裆深又称立裆深、上裆长，是裤子结构的关键尺寸。直裆的长短也取决于两点：一是人体，与身高、上下身比例有关，二是款式，与款式臀、裆位置的合体程度有关。

一般直裆尺寸是根据测量的坐高加上松量来确定的。直裆的深浅直接影响裤子裆部的穿着舒适性以及裤子的机能性。腿部的日常动作，如迈步、抬腿等，都会引起大腿内侧皮肤伸展，所以直裆过深，会使人腿部运动时裤腿受到较大牵扯，引起裤腿内侧缝向上位移，既影响外观也影响运动舒适性和便利性；直裆过浅，则会产生勒裆感，尤其人体坐、蹲运动时，因为后身拉伸会使勒裆感加剧，严重影响穿着舒适性，长期穿着还会影响身体健康。

因此，裤子的直裆深有一定合理的范围，一般体现在裆底的活动间隙量为0~2cm。从人体的下体体表功能分布区来看，腰臀间为贴合区，和裙子一样，可通过腰省和褶裥等形式塑造腰臀部位的复曲面形态。臀围至大腿根为作用区，是考虑裤子运动功能的中心部位，即下体的运动对裆底产生作用后用以调整的空间，也就包含了裤子裆底的0~2cm的间隙。下肢为裤腿的造型设计区。相对而言，紧身裤直裆宜短浅，而宽松裤直裆宜长而稍深，如图7-25所示。

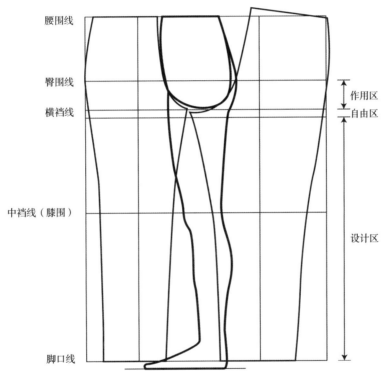

图7-25 人体裆部立面图

当然，这里的直裆深是对于标准腰位而言的，人体的腰线位置是基本稳定的，如果裤子的腰线由于款式的不同高于或低于标准的腰位，则会使裤子的直裆的实际测量值发生变化，但这种变化并不违背前面所讲的直裆尺寸设计原理。

三、臀围线位置

在女裤基本型制图中取腰长作为臀围线位置。这只是根据人体测量得到的与人体臀部体型相吻合的位置，一般裤子制图中都可以采用这种方式确定臀围位置。

因为腰长和直裆深存在一定的比例关系，也有部分裤子制图可以采用直裆深的三分之二确定臀围位置。需要注意的是，这不适合于所有的裤子，不能简单机械地按三分之二来取。因为裤子的直裆尺寸是随裤型的不同而变化的，比如高腰和低腰裤的直裆尺寸差别很大。但不管裤子造型怎么变，裤子的臀围线应该始终设置在人体臀部最丰满处，并不随着裤子腰头的高低、直裆的深浅而改变。所以，应取人体的臀围线到股底的距离再加上直裆的松量作为具体款式的臀围线位置。

四、大小裆宽

在直裆深一定的情况下，裆宽是以人体的腹臀宽为基础进行设计的，它影响着腹臀部位的宽松度、横裆尺寸以及下裆线的弯度，过大或过小都会导致穿着的舒适性和整体外观的均衡美感下降。总裆宽通常为$1.6H'/10$，前后内侧缝线的位置将裆宽分成了前后小裆宽，分别形成前、后裆弧线以吻合人体前中腹部、后中臀部和大腿根分叉部位所形成的结构特征。前、后裆弧线拼接后，形成裆底圆顺的弧线形态，被称为裤窿门。大小裆宽之间合理的比例为$2:1$至$3:1$。前裆宽与后裆宽的这种相互关系，是由人体本身的结构和人体活动的特点决定的，如图7-26所示。

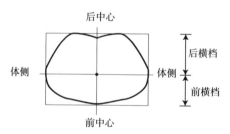

图7-26　臀围截面图

观察女性人体的侧面立姿，臀部呈现前倾的椭圆形。以耻骨联合作垂线，将椭圆形分成前后两部分，前一半的凸点靠上为腹凸，靠下较平缓的部分是前裆弯；后一半的凸点靠下为臀凸，到裆底的部分为后裆弯。这是形成裤子前后裆弯的主要依据。再从人体的活动规律来看，臀部的前屈大于后伸，因此后裆的宽度需要增加必要的活动量。在直筒裤结构中，大小裆宽都用经验公式计算而得，小裆宽为$H'/20-1cm$，后裆宽是在后中斜线的基础上取$H'/10$。这种前后小裆宽的计算方法适用于大部分裤型，也可以在这种计算方法上根据款式进行适当的调整。

此外，裆宽尺寸不仅与人体厚度相关，与裤装的合体程度也有一定的关系。当裤子合体程度提高，即较为紧身时，应适当减小裆宽来实现腹臀部位的包裹感，与整体造型相统一。

五、后中心斜线

裤装结构中后中心线倾斜主要是臀部凸起和裆部包裹共同决定的。裙子因为仅仅从外围包覆臀部，裆部对其没有任何的牵扯，臀部凸起的造型通过腰部省道可以实现，所以后中心线始终能保持铅垂状态。而裤子从裆底到臀部被完全包覆，臀大肌凸出，与后腰线呈明显的倾斜关系。为了符合人体臀大肌凸出与后腰线形成一定坡度的构造特点，后中心线呈现一定的倾斜。因此，后中心斜线的斜率主要取决于两点：一是人体臀大肌的凸出程度，二是裤子后中心造型的合体程度。

图7-27所示是凸臀体和平臀体体型及相应裆部结构的对比。从人体体型来看，凸臀体比平臀体臀部凸出程度高，因此在后中心形成的坡面角度更大，后中心斜线的斜率也更大。

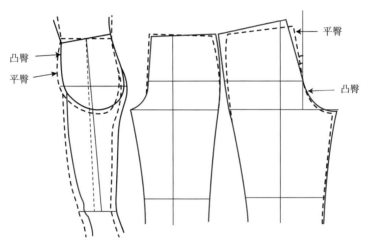

图7-27　臀翘程度与后中心斜线的关系

同理，对于较为宽松的裤子造型，后中心的坡面角度较小，后中心斜线的斜率也偏小；反之，臀围放松量较小、腰臀差异明显的紧身合体裤，其后中心斜线的斜率应大一些。根据人体测量数据，人体的臀沟角约为11°，是设计裤子后中心斜线的依据。以此角度为参考，按照裤子的不同风格，裙裤为0，宽松裤小于8°，较宽松裤8°~10°，较贴体裤10°~12°，贴体裤12°~15°。

六、前后挺缝线

挺缝线又称烫迹线或裤中线，在西裤类裤子中需熨烫出形以体现其正式感，在展示时常以前后挺缝线对齐后悬挂以保持其造型；休闲裤则不需烫出挺缝线。前后挺缝线是裁剪时面料的经纱方向，如果裁剪时未能与经纱方向一致，倾斜的挺缝线会导致裤腿偏移。

在女裤基本型的结构制图中，前挺缝线取了前大横裆的中点与臀围线、横裆线垂直作出的铅垂线。中裆宽、脚口宽均以挺缝线为对称轴两边对称取值，也就是说前裤片的横裆、中裆和脚口在挺缝线两侧尺寸完全一样，中裆至脚口甚至是完全对称的，被称为"三对称"，前挺缝线始终是直线。后挺缝线取侧缝辅助线和大档宽的中点向侧缝偏移1cm后作的铅垂线。由于后横裆尺寸较大，为避免横裆线以下裤腿向内侧缝倾斜，后挺缝线可以适当向侧缝偏移。这种取后挺缝线的方法一般适用于后横裆宽较大的款式，如果是较为紧身的裤型，也可以直接取后横裆宽的中点作后挺缝线。

七、前后中裆线

中裆线原本是提供人体膝盖位置的参考线，在女裤基本型制图时通过取臀围线至脚口线的中点上移3cm获得，这一尺寸也可以适当进行调节。这样取中裆线位置的前提条件是裤长一定，当裤长较短时，人体的膝盖位置是稳定的，不能再用这样的方式获得中裆线。根据人体测量数据，从腰围线到膝围线的距离约为57cm，这个数据是相对稳定的。

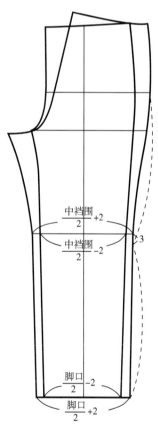

图7-28 女裤中裆及脚口的尺寸分配

如前所述，裤腿是造型设计区，中裆线的存在更多的是为了调节裤腿的自身形态。在裤腿宽松的设计中，中裆线可有可无。而在裤腿紧身的设计中，为了使穿着者的小腿显得修长，常常人为地提高中裆线的位置，所以其会根据造型的不同而上下移动。越是裤腿造型上紧下松反差大的裤型，其中裆线越高。需要注意的是，前后裤片的中裆线高低的变动必须是同步的，即前后中裆线应在同一水平位置。

八、前后中裆分配和脚口分配

在女裤基本样板中，前裤口取（脚口/2-2）cm，后裤口取（脚口/2+2）cm，两者相差4cm。中裆位置的取值与脚口一致，前后差也为4cm。如图7-28所示，当把前后裤片的挺缝线重叠在一起时，可以明显地看出，从中裆到脚口这一段前后裤片的内外侧缝线是完全平行的，两边各相差2cm。中裆和脚口前后差的这种设置归根结底是由横裆的前后差引起的，如前所述，裤后片的大档宽远大于前片的小档宽，两者是近3:1的关系，而前后裤片是通过内外侧缝线缝合在一起的，为了使前后裤片的内外缝线获得相对的平衡，前后中裆和脚口应设置前后差。

从女裤的平面结构图中可以看出，从中裆到脚口这部分在纸样上表现为略微的上宽下窄而非直筒造型，即脚口两侧的尺寸比中裆线两侧的尺寸稍小一些，这是因为人体的下肢从膝盖到脚踝的围度迅速变小，人体与裤腿的空隙迅速增加，为了获取视觉上的直筒效果，裤腿中裆处尺寸应比脚口略大，一般中裆围度比脚口大 2 ~ 3cm 为宜。当中裆尺寸与脚口尺寸相当时，往往会形成微喇叭型的外观效果。

九、前后腰围分配

裤子的腰围放松量与裙子一样，一般取 0 ~ 2cm。在计算前后腰臀差时，前后臀围已经分配好了。从人体腰臀部的横截面分布来看，如臀围截面已经分配为后臀围为（$H'/4+1$）cm，前臀围为（$H'/4-1$）cm，则人体腰围的前后半周基本是相等的，也就是说，前后腰围不需要取前后差，因此在结构制图时前后腰围均取 $W'/4$。

与裤子中的前后腰围和臀围分配相比，裙子的前后臀围未设前后差，均取 $H'/4$，相当于比裤子的侧缝线往后身方向移动了 1cm，那么裤子的前后腰围就必然得设前后差。总之，无论是裙子还是裤子，后片的腰臀差都大于前片的腰臀差，这是女性人体臀凸大于腹凸的体型特征所决定的。

十、腰臀差处理

与裙子一样，裤子处理腰臀差依靠的也是腰省、褶裥和侧缝。前裤片因前中有分割，所以常设少量的收腰量分解腰臀差，同时体现腰腹部的形态，一般为 1cm 左右，当前裤片完全无省时一般不超过 2cm。侧缝的撇腰量也一般控制在 2cm 以内。其余的前腰臀差用腰省或腰褶解决。后裤片用腰省和后中心斜线来解决腰臀差，塑造出腰臀间的立体贴合状。

腰省和腰褶都可以用来调节腰臀差，不同的是腰省是缝合的，灵活性小，依据女性的体型，一般单个前腰省不宜超过 3cm，后腰省不宜超过 3.5cm，省长与裙子中的省道类似，前腰省在中臀围附近，后腰省距臀围线 5 ~ 6cm，省量太大或省长太短都会造成省尖太凸、不符合人体曲面形态的问题；而腰褶只缝合部分，灵活性很大，可深可浅，不受褶裥深浅的局限，装饰性强，所以腰臀差大的宽松裤往往用腰褶处理。

一般后裤片上常有口袋设计，或挖袋或贴袋，如果是单个后腰省和单个挖袋设计，可以直接从后腰围线的中点对称设计省道和挖袋的位置；如果后片有多个省，或者对口袋位置有特殊要求，则应先设计口袋位置，再绘制省道，这样能使省道相对口袋对称分布，比较美观大方。

十一、前上裆线

前上裆线又称"前浪"，包含前中缝和前裆弧线两部分。人体的腹部一般稍突出于前腰部，为符合人体的腰腹部形态，前中应有少量的劈腰量。同时，腰口线在前中心处适当下降，能使腰侧处形成人体视觉上的水平状。前裆弧线和后裆弧线一起构造了人体裆底的曲线，女裤基本型结构设计中采用了特定的制图方法来辅助确定前裆弧线，这种方法对大部分裤型通用，也可以根据款式要求在这个方法的基础上进行微调，一般前裆弯凹势取 2 ~ 2.5cm。

十二、后上裆线

后上裆线又称"后浪"，包含后中心线和后裆弧线两部分，以符合人体臀沟的形状。后中心斜线、后中起翘量、落裆量和后裆弯凹势是影响后上裆线的主要因素。后中心斜线前文已阐述，这里主要分析后中起翘、落裆和后裆弧线的作用。

1. **后中起翘** 裤后片的后腰口线在后裆缝处的抬高量称为后翘，通常为 2 ~ 3.5cm。可以从两方面去理解，一方面，从人体的臀部特征与裤后片的结构可以看出，后裆斜线与水平线形成钝角，拼合后会产生凹角。要使之成为直角相交，就必须延伸形成后翘。另一方面，从人体下肢动态特征来看，当人体下蹲、保持坐姿、向前弯曲时，后中缝对应的臀部形态呈现伸展状态。因为一般服装面料的弹性远小于人体皮肤，为了满足活动量，必须把后中缝延长，形成后翘来弥补不足。如果后裆缝过短，则会牵制人体的下肢动作，裆部会有过紧的不适感。一般来说，直裆越短，越需要提高后翘来改善裤子的运动机能性。腰臀差越大，说明臀部越丰满，后裆斜线越斜，后翘也应越大。后翘高，则人体下蹲、保持坐姿、向前弯曲时的机能性好，但在直立状态下合体性较差。

2. **落裆** 在裤子的结构设计中，后片的直裆深度大于前片的直裆深度，前后裤片的直裆深度之差被称为"落裆量"，通常为 0.5 ~ 1.5cm。由于后裤片的大裆宽远大于前裤片的小裆宽，使得后裤片的内缝线长于前裤片的内缝线，为了使合缝基本等长，就需要后裤片落裆。后裤片内缝线的长度略小于前裤片的长度时，在缝制时通过归拔工艺拔开后裤片的内侧缝来实现等长，并使后挺缝线成为臀部弧凸、膝关节背部稍凹的与人体相似的弧线形。一般西裤的前后裤片内缝线长度在 0.6 ~ 1cm。

另外，落裆量还和裤长、脚口尺寸有关。在裤子前后片的中裆线上方作几条不同裤长的横线，可以看出，脚口线越往上移，由于后内缝线斜度大且略呈弧形，所以脚口线与后内侧缝的夹角就越大。而前内侧缝线的斜度较小，脚口线与它的夹角基本为 90° 左右。当前后内侧缝线拼合后，就会在该线的脚口处出现拐角。要想使脚口处拼合后平顺，就只能使后脚口线下弧，与后内侧缝线也取成 90° 左右。这时又要保证前后的内侧缝线等长，只能将脚口线下弧的量增加为落裆量以获得平衡。因此，裤长越短、脚口越小，后裤片的落裆量就越大。

3. **后裆弧线** 后裆弧线和前裆弧线一起形成了人体的裆部空间，其空间大小由前后小裆宽和弧形凹势共同决定。裆部空间大小合理与否主要遵照款式需要和人体需要，前后小裆越宽、前后弧形凹势越大，裆部空间就越大，裤子对人体裆部的制约就越小，舒适性增加；反之，前后小裆越窄、前后弧形凹势越小，裆部空间就越小，裤子就越紧贴人体裆部，舒适性降低，但臀部体型更明显。直筒裤结构设计中采用了特定的制图方法来辅助确定后裆弧线，这种方法对大部分裤型通用，也可以根据款式要求在这个方法的基础上进行微调，一般后裆弯凹势取1.8～2.5cm。前后裆弧线组合形成顺畅的裆底弧线。

十三、脚口线

脚口线是为了使前后裤片内外侧缝分别缝合后，整条脚口线呈平顺状态，当中裆和脚口尺寸差值不大时，即脚口线与内外侧缝线的夹角基本呈90°时，最简单的方法就是作直线处理。也可以处理成前裤片脚口线的挺缝线处稍向上弧、后裤片脚口线的挺缝线处稍向下弧的弧线形态，用以缓和前面因脚背隆起对前挺缝线悬垂状态的影响，以及后挺缝线自然悬垂盖住部分鞋跟的视觉美感。而当脚口线与内外侧缝线的夹角呈明显的钝角或锐角时，脚口线则必须作适当的弧形处理。

思考与练习

1. 用立体裁剪和平面结构设计两种方法制作女裤基本型，并比较分析各自的优势。

2. 人体的裆部体型特征如何体现在女裤基本型的样板上？

3. 如何设定裤片的中裆线？

4. 如何根据裤口尺寸进行前后裤口大小的分配？

第八章

女裤廓型变化的结构设计

课程内容： 1. 锥形裤的结构设计

2. 低腰喇叭裤的结构设计

课题时间： 4课时

教学目的： 主要阐述女裤廓型变化的原理、规则和方法，让学生理解女裤廓型与人体的关系，掌握立体裁剪中各廓型女裤结构平衡的控制要点，理解女裤廓型的平面结构设计原理和规律。

教学方式： 讲授、讨论与练习

教学要求： 1. 掌握锥形裤和低腰喇叭裤的立体裁剪方法

2. 掌握从基本型女裤转化成各廓型女裤的原理和方法

3. 理解廓型变化过程中女裤基本型各部位结构线处理的原理和方法

直筒型、锥形和喇叭型构成了女裤最常见、应用最广泛的廓型变化，其结构设计的方法也各有特点。直筒型即女裤基础型，本章将在其基础上重点介绍锥形裤和喇叭裤的结构设计方法。先用立体裁剪的方式用坯布在人台上于立体、直观的状态下实现裤子的立体造型，获得裤片样板，揭示裤子廓型与人体之间的关系、裤片结构平衡的控制与把握等要点；继而在此基础上分析裤子廓型的平面结构设计原理和规律，作为后续平面结构设计拓展的基础。

第一节　锥形裤的结构设计

扫一扫
可见教学视频

一、款式分析

锥形裤形似锥子，上大下小，又称萝卜裤。如图8-1、图8-2所示，其造型特点是臀部的放松量大，与收小收窄的脚口形成视觉对比。前面左右共有6个折向侧缝的单向褶，后面左右共有4个腰省，裤长较短，约在脚踝上方10cm处。

图8-1　锥形裤（前）

图8-2　锥形裤（后）

二、面料准备

取长100cm，宽40cm和50cm各一块坯布作为前后裤片，距上边缘23cm绘制臀围线，取坯布中心垂直绘制挺缝线（图8-3）。

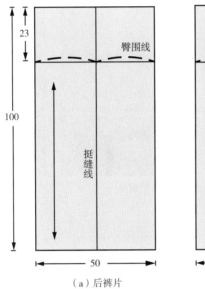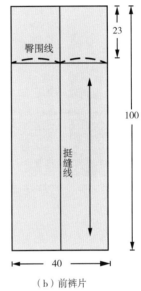

（a）后裤片　　　　　　　　（b）前裤片

图8-3　面料准备

三、立体裁剪方法和要点

（1）将前裤片对齐臀围线和前挺缝线放上人台，保持挺缝线垂直固定于腰围线、臀围线和脚口处。臀围线上保持松量固定。当前的松量是暂时的，后续将根据褶裥造型需要确定（图8-4）。

（2）裆底点下降约2.5cm，用胶带在坯布表面贴出前中心线和前裆弧线，注意弧线转角处的曲度。留取余布粗剪，在前裆弧线转角的余布上打入剪口，使坯布能自然围绕腿部至裆底，不发生被卡现象（图8-5、图8-6）。

（3）锥形裤的脚口比较小，通常取30cm左右。前脚口取脚口/2-2cm，此例为13cm。贴出水平的脚口线后，以挺缝线为界量取内侧前脚口6.5cm，用针固定于人台上内缝线的交点处。从裆底点贴直线至内脚口点即得裤内缝线，粗剪余布（图8-7）。

图8-4　固定前裤片丝缕

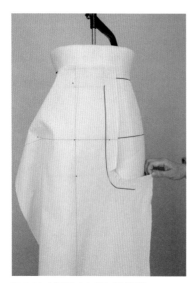

图8-5　粘贴前中心线和前档弧线

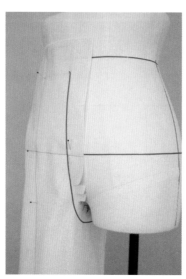

图8-6　固定前裤片的档底点

图8-7　粘贴前裤片的内缝线和脚口线

> **Tips：**服装结构线的曲直与服装整体造型密切相关。在合体紧身的服装造型中，其结构线为了符合人体的曲面，自然必须为弧线形态。而在宽松的服装造型中，服装远离人体，其结构线不受限制，成衣中多为直线形态。

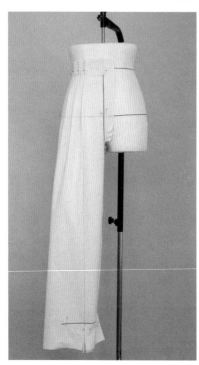

图8-8　确定前裤上的三个活褶

（4）松开臀围上临时固定的针，将侧面的坯布向挺缝线方向推移，做出三个活褶。始终保持臀围线的水平状态，其中第一个活褶设置在挺缝线处，褶裥正面倒向侧缝，各活褶的褶量大小基本一致，约为3cm，三个活褶间隔均匀（图8-8）。

（5）量取挺缝线外侧的前脚口尺寸6.5cm，确定外脚口点，用针固定于人台上外缝线的交点处。内外脚口点固定后，把多余的松量分布在挺缝线两旁。将裤片上的三个褶裥整理成自然的状态，固定臀侧点。腰部抚平至腰侧点并固定。贴出从腰侧点经臀侧点向下至外脚口点的顺畅线条，即为前外缝线。该线条横档线以上部分呈弧线形态，横档线以下部分为直线形态（图8-9、图8-10）。

> **Tips：**对锥形裤来说，前裤片的造型决定款式的主要特征，因此先完成前裤片的整体立体廓型。腰部的褶裥量决定了臀部的松量及裤腿的廓型，应一并完成。

（6）将后裤片坯布对齐臀围线与后挺缝线的交点并用双针固定，挺缝线保持铅垂状态，固定于脚口处。臀围线上保持松量并固定，当前的松量是暂时的，后续将根据造型需要确定。在后中心线与臀围线的交界处设置后裤片在长度方向上需要的松量，臀围线以上的挺缝线固定在腰围线上。用胶带在坯布表面贴出后中心线和后裆弧线，注意弧线转角处的曲度（图8-11）。

图8-9　粘贴前外缝线

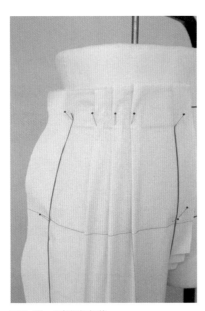
图8-10　腰部活褶细节

图8-11　粘贴后中心线和后裆弧线

（7）留取余布粗剪，在后裆弧线转角的余布上打入剪口，使坯布能自然围绕腿部至裆底，不发生被卡现象，为便于观察造型，将后裤片盖在前裤片上。后脚口取脚口/2+2cm，此例为17cm，贴出水平的脚口线后，以后挺缝线为分界取内脚口8.5cm，用针固定于人台上内缝线的交点处。从裆底点贴线至内脚口点即得后裤片的内缝线（图8-12、图8-13）。

图8-12　粘贴后内缝线

图8-13　后臀松量细节

（8）松开臀围上固定的别针，加出后臀围上的松量，以均衡分布的方式固定于臀围线上。此松量要通过后腰省来实现腰臀差，因此不宜过大，只是为了与前裤片的松量平衡（图8-14）。

（9）做出后腰线上的两个后腰省，省量大小基本相同，间距均匀，省尖指向臀凸，即臀围线上方5~6cm处。腰部抚平至腰侧点固定，为便于观察，将后裤片盖在前裤片上。

（10）量取挺缝线外侧的后脚口尺寸8.5cm，将外脚口点用针固定于人台上外缝线的交点处。贴出从腰侧点经臀侧点向下至外脚口点的顺畅线条，即为后裤片外缝线。修剪余布，从正、背、侧面确认好前后裤片的松量、比例、线条等后，廓型基本定型（图8-15）。

（11）粘贴出水平的前后腰围线，沿着所有的轮廓线做好标记和必要的对位记号，如内外缝线的中裆位置（图8-16）。

图8-14　确定后臀围松量

图8-15　粘贴后外缝线

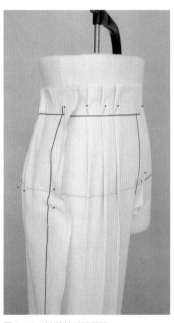
图8-16　粘贴前后腰围线

（12）从人台上取下后按照标记平面确认所有的结构线、前裤片上的活褶和后裤片上的省道，放缝修剪。别合前后裤片的内外缝线后放回人台，仅固定前后中心线，检查立体效果（图8-17、图8-18）。

（13）确认造型后，装上腰头，图8-19、图8-20是装上腰头后的半件裤样。

（14）通过立体裁剪得到的前后裤片样板如图8-21所示。从样板中可以看出，臀围整体放松量较大，因为前片褶裥量较大，折叠成型后实际前臀围尺寸有所减小，所以分配给前片的松量多于第七章中女裤基本型前裤片臀围的加放量，以满足褶裥量的需要。因内外侧缝线有一定的斜度，为保证脚口与之基本呈现直角，在平面确认时将脚口线调整成向上微凸的曲线。

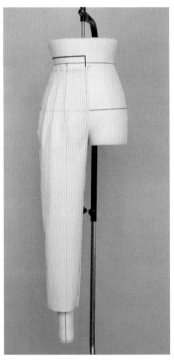

图8-17　检查前裤片立体效果

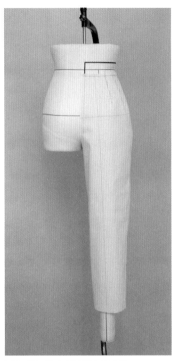

图8-18　检查后裤片立体效果

图8-19　半件坯样的完成着装效果
（前侧）

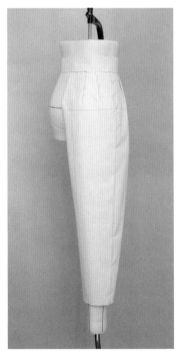

图8-20　半件坯样的完成着装效果
（侧后）

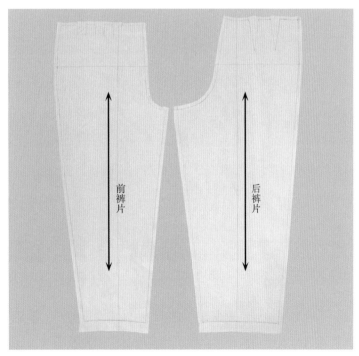

图8-21　确认最终样板

167

四、锥形裤结构设计原理

锥形裤的立体裁剪过程体现了从基本型女裤转化成锥形裤的关键点，即在挺缝线外侧将需要的褶裥量推移进来，裤子的臀围加大，同时脚口收小，整体廓型随之呈现锥形，后裤片的臀围松量平衡增大，腰省的数量就由原来的一个增加成了多个。

以女裤基本型为基础分析锥形裤平面纸样设计的原理。

首先锥形裤与基本型在尺寸设计上的显著变化主要体现为三点：臀围放松量加大；脚口缩小；因臀围尺寸变大相应地适当加大横裆和直裆。

因为锥形裤前腰多褶裥的设计，使得前后臀围尺寸的分配比例需进行调整：显著增加前臀围的加放量，适当增加后臀围的加放量。

如图8-22、图8-23所示，在前片基本型上设计两处辅助线，用于均匀加放臀围，沿辅助线剪开，将脚口适当重叠，以减小脚口尺寸；同时适当增加直裆和横裆尺寸，修正整体轮廓，将腰部余量在上止口形成均匀分布的褶裥，即为锥形裤前片。

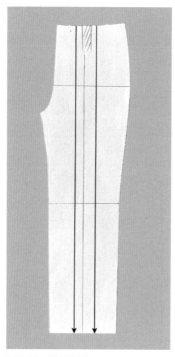

图8-22　设计辅助线

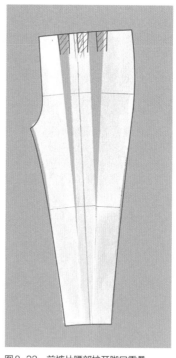

图8-23　前裤片腰部拉开脚口重叠

后片臀围加放量较少，以挺缝线为辅助向下剪开，重叠脚口并增加臀部尺寸，与前片相匹配适当加大横裆和直裆，修正样片轮廓。因为臀围增大，腰围余量同步增加，可通过增加后腰省的数量来去除腰部余量，如图8-24、图8-25所示。

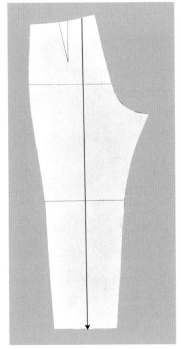

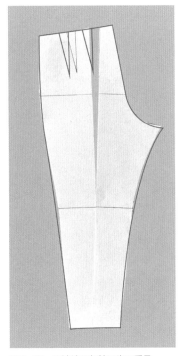

图8-24 以挺缝线为辅助线   图8-25 后裤片腰部拉开脚口重叠

第二节 低腰喇叭裤的结构设计

扫一扫
可见教学视频

喇叭裤的腰臀部和大腿部紧身合体，从膝盖附近开始展宽脚口，使裤腿的膝盖以下部分形成喇叭状。喇叭裤对穿着者的体型要求较高：臀部不宜过大、大腿不宜太粗。对体型较好的年轻女性来说，喇叭裤能很好地体现腰臀部和腿部的曲线美感，加长的裤腿更显腿部颀长，因此深受身高腿长的消费者欢迎。

喇叭裤的造型特点体现在上窄下宽的裤腿上，裤腿属于裤子的设计区，因此喇叭裤也有很大的设计空间。主要是中裆线的位置高低和脚口的大小，一般来说，脚口越大，中裆线提得就越高，越靠近横裆线。如果直接从横裆线开始展宽脚口，就是裙裤。根据脚口大小的不同，有微喇、中喇和大喇之分。

一、款式分析

这是一款典型的低腰喇叭裤样式。裤子前面有2个插袋，后面有育克和贴袋，腰臀部和大腿部紧身合体，从膝盖附近开始展宽脚口，使裤腿呈喇叭状（图8-26、图8-27）。

图8-26　喇叭裤（前）　　　　图8-27　喇叭裤（后）

二、人台准备

低腰腰头的上止口线平行低于人台腰围线2cm，腰头宽为4cm，前插袋的袋口呈月牙弧形，后腰下方有斜向的育克分割线。具体的正、背面人台准备如图8-28、图8-29所示。

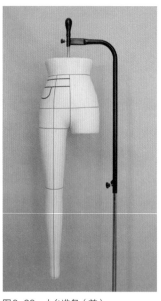
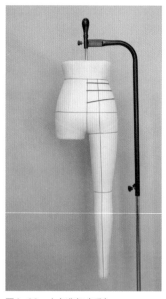

图8-28　人台准备（前）　　　　图8-29　人台准备（后）

三、面料准备

取长110cm、宽40cm和50cm各一片分别作为前、后裤片，绘制好横平竖直的臀围线和挺缝线作为基础线（图8-30）。

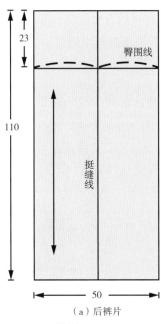

图8-30　面料准备

（a）后裤片　　　　（b）前裤片

四、立体裁剪方法和要点

（1）将前、后裤片分别对齐挺缝线和臀围线的交点放上人台并双针固定。保持裤片的横平竖直状态，臀围上少量的松量分布均匀后固定（图8-31、图8-32）。

（2）保持前、后挺缝线的铅垂状态，掐别出前、后裤腿的喇叭造型，首先确定喇叭的最窄点，此例取人台中裆线上方5cm处，从臀侧点包裹大腿

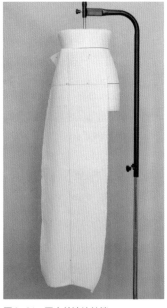

图8-31　固定前裤片丝缕

图8-32　固定后裤片丝缕

至该点，然后向外直线状扩展至脚口，修剪外侧余布观察喇叭造型（图8-33、图8-34）。

> Tips：为了拉长膝部以下的长度比例，使裤腿上小下大的视觉效果更明显，除了加长裤长外，还应适当提高中裆位置，一般在臀围至脚口中点向上5～6cm。

（3）裆底点下降约0.5cm，贴出前裆弧线，打剪口后自然围绕大腿根，固定于裆底点。提高后的中裆位置内、外缝需保持一致，从裆底点收窄裤腿至中裆后，直线状加摆至脚口，与已完成的外侧缝线呈对称状（图8-35）。

> Tips：喇叭裤的造型特点体现在上窄下宽的裤腿上，裤腿属于裤子的设计区，因此喇叭也有很大的设计空间。主要是中裆线的位置高低和裤脚口的大小，一般来说，脚口越大，中裆线提得就越高，也就越靠近横裆线。如果直接从横裆线就开始展宽裤口，就过渡到了裙裤。根据脚口大小的不同，有微喇、中喇和大喇之分。

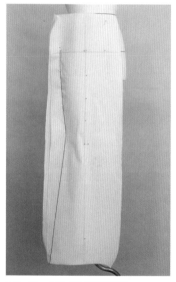  

图8-33　粘贴喇叭裤腿造型线　　　　图8-34　确定喇叭裤脚造型　　　　图8-35　粘贴前内缝线

（4）后中留取长度方向的松量后固定后中心线，贴出后裆弧线的曲度，余布打剪口，绕至裆底固定。用同样的方法贴出内侧缝线，与已完成的外侧缝线呈对称状（图8-36）。

（5）沿着后育克线抚平固定，臀围线以上的侧缝线掐别出来，与下方已完成的线条顺畅连接，如图8-37所示。

将前裤片上腰口处的少量余量在靠近侧缝处折叠后，即可抚平插袋袋口、上止口线和前中心线，一一固定，完成裤片的立体造型。做好所有结构线的标记，切记中裆线的对位记号，从人台上取下裤片进行平面确认（图8-38）。

图8-36　确定后裆弧线和后内缝线

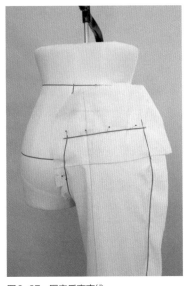

图8-37　固定后育克线

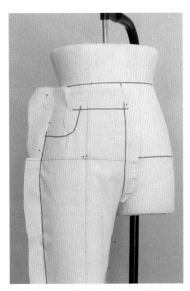

图8-38　固定前中心线、上止口线和插袋袋口

（6）将前袋用坯布按照经向丝缕垂正的方式放上人台，沿着轮廓线与人台贴合固定后修剪，做好标记（图8-39）。

（7）将前腰、后腰和育克都用贴合人台的方式沿着相应部位的轮廓线固定，具体可参见A型裙中育克的立体裁剪具体方法和要点，修剪后做好标记（图8-40~图8-42）。

（8）将前袋垫布与前裤片在上止口处和侧缝处

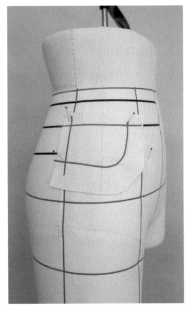

图8-39　立体裁剪前袋布

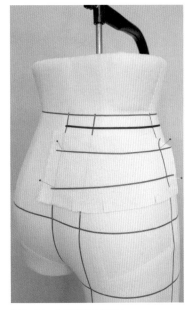

图8-40　立体裁剪后育克片

别合，如图8-43所示，可以看出裤片的插袋止口线略长于袋垫布止口线，在袋口形成一定的松量，正好作为袋口上下层之间的差量，方便口袋的使用。

（9）在完成的后裤片上做出大小比例合适的后贴袋（图8-44）。

（10）完成低腰喇叭裤半件样裤的正背面立体效果如图8-45、图8-46所示。

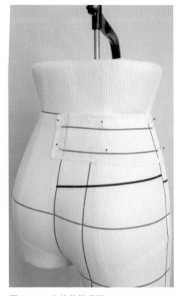

图8-41　立体裁剪后腰

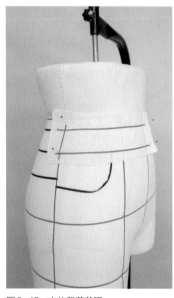

图8-42　立体裁剪前腰

图8-43　袋口上下层的差量

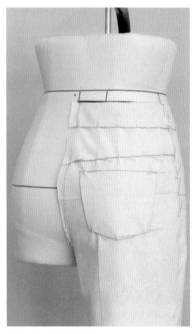

图8-44　确定后贴袋

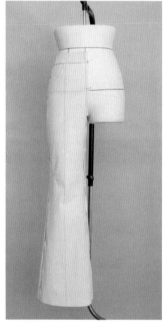

图8-45　半件坯样的完成着装效果
（前）

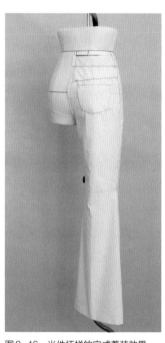

图8-46　半件坯样的完成着装效果
（侧后）

（11）样板共由七片组成，分别是前后腰头、前后袋、后育克、前后裤片。从前、后腰头的样板中可以看出，低腰裤的腰头为了合体不再是一个长方形，而是和育克一样符合人体腹部的形态，这种方法适用于所有低腰设计的腰头（图8-47）。

五、平面结构设计原理及分析

从喇叭裤的立体裁剪过程中可以理解从基本型女裤转化成低腰喇叭裤的关键点，即低腰在人体的腹部取得腰头，收小臀围，腰臀差随之减小，少量的前腰臀差借助口袋隐藏，后腰臀差通过育克线转移至分割线中。裤腿的造型则完全是设计，取决于中裆高低大小、脚口的扩大量以及裤长的加长，整体廓型随之呈现上紧下松的特点。

以女裤基本型为基础，分析锥形裤平面纸样设计的原理。和女裤基本型相比，喇叭裤的结构设计要点主要有：减小臀围放松量；提高中裆位置以拉长膝部以下裤腿的长度比例；适当减小中裆尺寸，加大脚口尺寸，在廓型上形成上紧下松的效果；增加后育克设计，通过省道转移去除后腰省道。

在女裤基本型上将中裆位置提

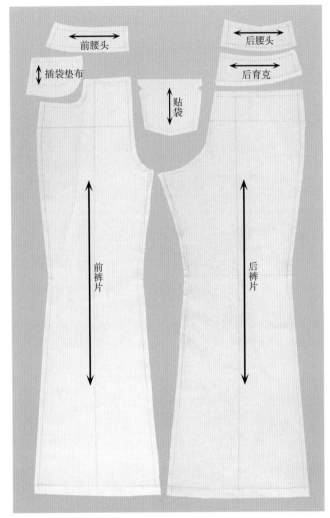

图8-47 确认最终样板

高，以挺缝线和提高后的中裆线为辅助线将前片剪开，中裆以上的部分通过臀围、中裆的重叠减小两个部位的尺寸，中裆以下的部分加大脚口，并与重叠中裆以上上半部分匹配。前片为无省设计，腰部余量可在前中片和侧缝去除。对于腰臀差较大的款式，可以适当在裤片上保留一定的吃势；对于有插袋的款式，也可以将少量腰部余量放在插袋处去除，完成过程如图8-48、图8-49所示。

后片在臀围、中裆和脚口的处理方式与前片基本相同，因为喇叭裤较为合体，后横裆可适当减小。后育克上的省道通过合并去除，并修正上下止口线；后裤片上止口线的腰部余量可将一部分在侧缝去除，另一部分以吃势的形式保留，如图8-50、图8-51所示。

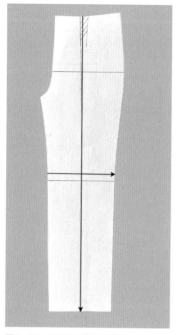

图 8-48　前裤片提高中裆线

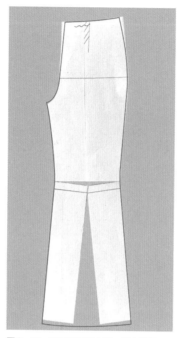

图 8-49　重叠臀围和中裆、加大脚口

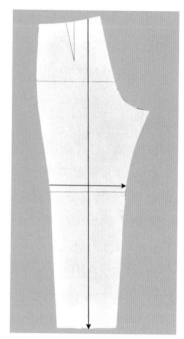

图 8-50　后裤片提高中裆线

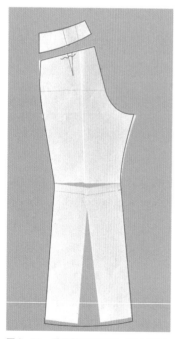

图 8-51　重叠臀围和中裆、加大脚口，
分离育克片

思考与练习

1. 任选一或两个女裤廓型，运用立体裁剪的方法完成其造型。

2. 用基本型女裤样板完成相同款女裤廓型的变化，比较立体裁剪方法获得的样板有哪些差异。

第九章

女裤结构设计
拓展

课程内容：1. 灯笼裤、高腰褶裥裙裤、几何廓型系带长裤、不对称装饰七分裤的立体裁剪

2. 多分割喇叭裤、纵分休闲裤、不对称褶裥锥形裤、五分工装裤、偏门襟落裆裤、连身中裤的平面结构设计

课题时间：20课时

教学目的：通过10款女裤案例，综合阐述女裤的结构设计原理，让学生掌握多种女裤结构的立体裁剪和平面结构设计方法、常见装饰细节的处理技巧；让学生通过对款式的观察和分析，正确判断和选择合适的结构设计方法完成女裤的结构设计。

教学方式：讲授、讨论与练习

教学要求：1. 理解女裤结构变化的原理

2. 掌握女裤分割、波浪、褶裥的立体裁剪和平面结构设计方法及要点

3. 掌握女裤常用装饰细节和常见构成部件的立体裁剪和平面结构设计方法和要点

女裤款式变化虽不及半裙变化多样，但从廓型、分割、部件、局部装饰等方面仍能进行多样的款式变化。本章选择具有代表性的典型女裤案例，针对款式特征分别选用适合该款式的立体裁剪或平面结构设计的方法完成坯样制作。

第一节　灯笼裤的立体裁剪

扫一扫
可见教学视频

一、款式分析

这条灯笼廓型的七分裤前后都有纵向的分割线，腰臀部合体，右腰下有一袋盖，小腿外侧自然蓬松的碎褶与收小的脚口克夫形成对比，整体简洁大方，有自然随意之感。该款式腿内侧合体，腿外侧因为碎褶设计而形成宽松的廓型，为较好地把握褶量和造型，更适合采用立体裁剪的方式进行结构设计（图9-1、图9-2）。

图9-1　灯笼裤（前）　　　图9-2　灯笼裤（后）

二、人台准备

人台准备的重点在于确定裤长及脚口克夫位置以及前后分割线的具体造型，如图9-3、图9-4所示。裤长取膝下约12cm，脚口克夫宽为3cm，前分割线位置同前挺缝线，后分割线位置取后挺缝线向侧缝方向移动约1.5cm。

三、面料准备

前中片、后中片距离边缘5cm绘制挺缝线和臀围线，前侧片和后

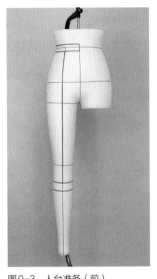

图9-3　人台准备（前）

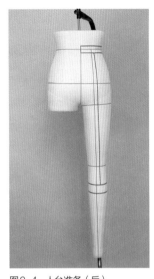

图9-4　人台准备（后）

侧片的宽度稍大，绘制中心丝缕线和臀围线。所有面料（含袋盖和脚口克夫）准备尺寸如图9-5所示。

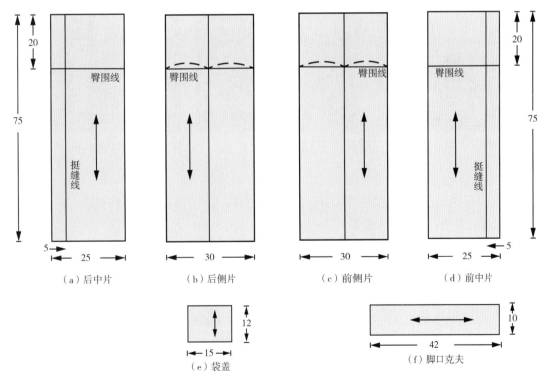

图9-5　面料准备

四、立体裁剪方法和要点

（1）将前中片对齐臀围线和挺缝线的交点放上人台固定，挺缝线固定在腰部、臀部和脚口处，确保整个裤片横平竖直。腰部抚平至前腰中点固定，贴出前中心线和前裆弧线（图9-6）。

（2）修剪缝份，打入剪口，使裤片能绕至裆下。脚口下方余布打剪口，使脚口处贴合，裤片自然包裹大腿根部至脚口，将裆底点固定（图9-7）。

（3）用胶带贴出脚口线和内缝线，修剪余布（图9-8）。

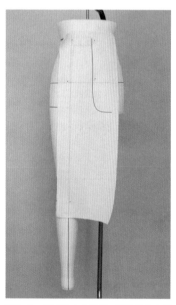 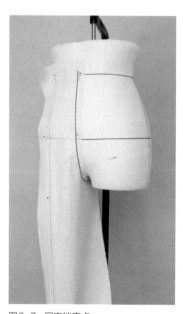 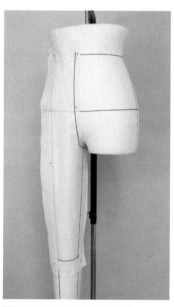

图9-6　固定前中片丝缕、粘贴前中心线和前裆弧线　　图9-7　固定裆底点　　　　图9-8　粘贴前内缝线和脚口线

（4）用相同的方法完成后中片的后中心线、后裆弧线、后脚口线和后内缝线，切记要在后臀处设置长度方向的松量（图9-9）。

> Tips：在设计裤子款式时，尽量保持裤内缝线处的合体，因为内缝线在两腿之间，如果此处的脚口余量太大，在行走等活动时会增加摩擦，不活动时在两腿之间堆积布料会影响舒适美观。

（5）将前侧片的中心经向丝缕线放置在人台侧片臀围的中心位置，保持丝缕垂正状态，在腰部双针固定，固定臀围线（图9-10）。

（6）保持挺缝线在腰围线、臀围线上的固定针不动，腰围线上方的余布打入剪口，将两侧的布料向下压，类似半裙中波浪的做法，使挺缝线两侧坯布上的臀围线低于人台的臀围线，裤脚口自然就形成扩展造型，控制布料下压量可以调整脚口的扩张量，根据款式中脚口的碎褶状态，确定脚口尺寸。抚平腰部，将前中片与前侧片沿着分割线掐别出造型，修剪余布，为方便标记，将分割线用胶带在两片上贴出（图9-11、图9-12）。

（7）同理，将后侧片的中心经向丝缕线放置在人台侧片臀围的中心位置，保持丝缕垂正状态，在腰部固定，固定臀围线（图9-13）。

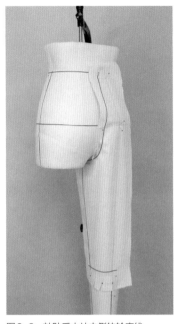

图9-9 粘贴后中片内侧的轮廓线

图9-10 固定前侧片的丝缕

图9-11 腰部打剪口使脚口扩展

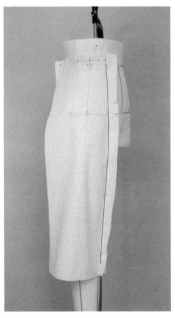

图9-12 前中片和前侧片沿分割线掐别

图9-13 固定后侧片的丝缕

（8）用与前侧片增加脚口量相同的方法，让挺缝线两侧坯布上的臀围线低于人台的臀围线，使裤脚口自然形成扩展造型。将后中片与后侧片沿着分割线掐别出造型，由于后臀凸比较大，在掐别时需要在外侧余布上打入剪口才能顺畅自然别出（图9-14）。

（9）后中片上掐别出来的分割线如图9-15所示，腰臀部位呈曲线形态，臀下为直线状。

（10）将前侧片和后侧片的侧缝线造型掐别出来，腰部合体，臀部自然有松量，臀下自然向外侧扩展，形成顺畅的线条，修剪余布（图9-16）。

图9-14　扩展脚口

图9-15　掐别后分割线

图9-16　掐别外侧缝线

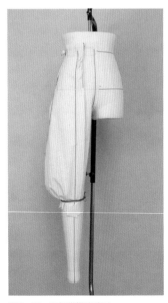

图9-17　用织带勒出脚口

图9-18　脚口碎褶细节

（11）为观察造型、便于微调，将后侧缝盖别在前侧缝上，用细织带将脚口的余量勒紧成碎褶形态，注意外侧需将面料稍稍上提，以营造出自然蓬松的廓型效果。造型满意后，沿脚口线留取少量余布后修剪（图9-17、图9-18）。

Tips：在立裁过程中，尽量将服装重要的造型关联部位（此例前侧和后侧的碎褶处）一起同步操作，使整体造型完整呈现出来，以便于把控服装的整体廓型，平衡造型量，做出综合调整。

（12）按照所有的结构线做好标记，切记沿着臀围线做好所有裤片之间新的臀围对位记号点，取下平面确认后别合，放回人台多角度确认整体造型（图9-19）。

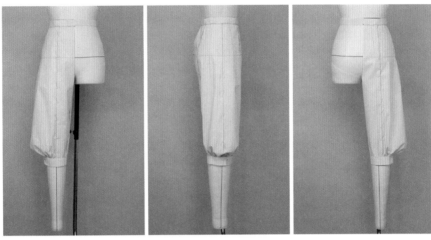

图9-19　确认整体造型（正、侧、背）

（13）右腰下的带盖仅为装饰所用，因为该款式在腰腹部比较合体，袋盖可直接绘制平面纸样制取，最终完成的纵向分割灯笼裤样品如图9-20所示。

（14）图9-21是立体裁剪所得的四片裤片样板，可以看出两片侧片的碎褶部位长度和宽度上的结构线特点。

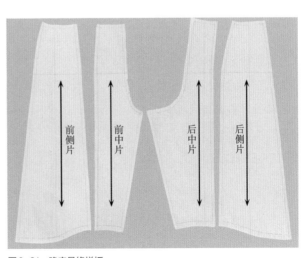

图9-20　半件坯样的完成着装效果　　图9-21　确定最终样板

第二节 高腰褶裥裙裤的立体裁剪

一、款式分析

此款裙裤从正面看，形似有多个工字褶裥的A型裙，但从背面看臀部体型显露，是裤子的造型。腰带上方自然张开的褶裥形成波折的边缘线，增加了灵动感。后腰中心有腰襻装饰，上方的小豁口让腰部活动更舒适。整体显得活泼、可爱（图9-22、图9-23）。

二、人台准备

首先，贴出前后高腰的止口线，包括后中心处的小豁口。其次，在后腰的中点位置贴出后腰省，上至高腰线，下至臀上6cm处。再以省道线为中心，左右对称地贴出挖袋形。具体的正、背面的人台准备效果如图9-24、图9-25所示。

Tips：这个后腰省与正腰位或低腰位的腰省有所不同，它上至高腰线。在粘贴款式线时，要表达出腰围线最纤细的视觉效果，即在腰围线上离后中心线距离最近，整条省道线呈折线状。

图9-22 高腰褶裥裙裤（前）

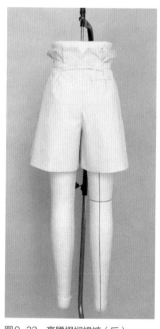

图9-23 高腰褶裥裙裤（后）

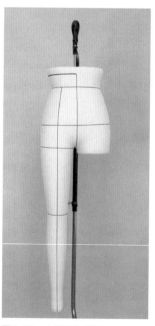

图9-24 人台准备（前）

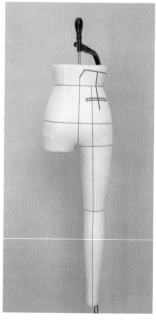

图9-25 人台准备（后）

三、面料准备

因前裙片需预留出工字褶裥量，所以宽度取70cm。如图9-26所示，在前后裙片上绘制臀围线和挺缝线作为基础线。

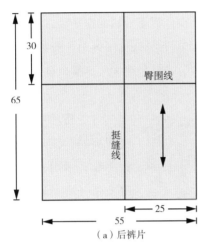
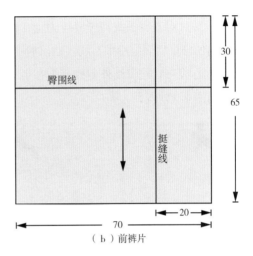

（a）后裤片　　　　　　　　　　（b）前裤片

图9-26　面料准备

四、立体裁剪方法和要点

（1）将前片对齐臀围线和挺缝线固定，保持面料的横平竖直状态，固定前腰中点，贴出前中心线和前裆弧线（图9-27）。

（2）前中心线和前裆弧线外侧修剪余布后打剪口，自然包裹大腿，脚口自然松弛，贴出内缝线（图9-28）。

> Tips：因为裙裤臀围放松量较大，直裆深度和宽度都应适当加大，同时前后裆弧线的弧度也可适度加深。以保持裆部形态的平衡。

（3）松开臀围线上的固定针，保持臀围线的水平状态，在挺缝线处折叠布料形成工字暗裥，单侧褶裥深度取4cm，固定在臀围线上。褶痕自然顺至腰线，将

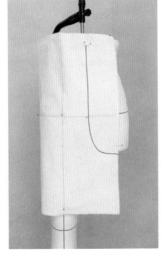
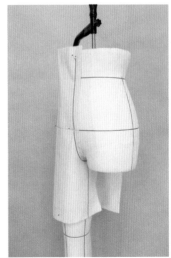

图9-27　固定丝缕后粘贴前中心线和前裆弧线

图9-28　粘贴前内缝线

腰部的余量隐藏至褶裥深度里，固定在腰围线上。臀围线以下的褶裥自然张开（图9-29）。

（4）取第一个工字暗裥到侧缝的中间位置，在臀围线上继续折叠出第二个暗裥，褶裥深度与第一个暗裥相同，保持臀围线的水平状态，固定在臀侧点。褶痕同样自然顺至腰线，将腰部的余量隐藏至褶裥深度里，固定在腰围线上，臀围线以下的褶裥自然张开（图9-30）。

（5）将后裤片对齐臀围线和挺缝线固定，保持臀围线以下面料的横平竖直。在后臀中心留取长度方向的松量后固定后中心线。贴出后中心线和后裆弧线（图9-31、图9-32）。

（6）后中心线和后裆弧线外侧修剪余布后打剪口，自然包裹大腿，脚口自然松弛，贴出后内缝线，如图9-33所示。

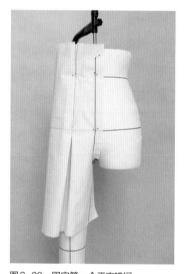

图9-29　固定第一个工字暗裥

图9-30　固定第二个工字暗裥

（7）将前裙片臀围上固定褶裥的针拔除，仅固定于腰围线，褶裥自然在臀围处微微张开直至底摆，重新固定臀侧点（图9-34）。

（8）后裤片在臀围均匀留取适当松量固定整条臀围线，将后腰处的余量集中至后腰省位置，固定腰侧点（图9-35）。

（9）将前后裙片的腰侧点别合，臀围线外侧余布别

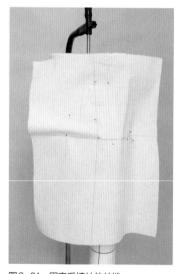

图9-31　固定后裤片的丝缕

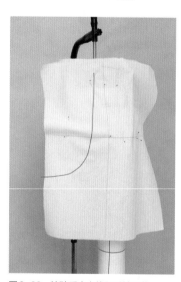

图9-32　粘贴后中心线和后裆弧线

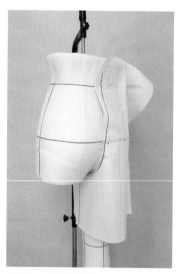

图9-33　粘贴后内缝线

合，同步进行侧缝加摆处理，从腰侧点经臀部向外扩展，形成 A 型廓型，修剪余布观察效果。为方便做标记，将腰线以上的外轮廓线及前腰围线贴出（图9-36、图9-37）。

> Tips：此款裙裤的前片工字暗裥仅在腰围线处固定成形，上下都自然张开，因此做标记时一定要把固定的位置标记准确。

（10）将前后裤片取下后进行平面确认，别合前片两个工字暗裥，别合后腰省时将腰带放入，腰带绕至前片系结，确定裤长后贴出前后脚口线（图9-38、图9-39）。

图9-34　固定臀侧点

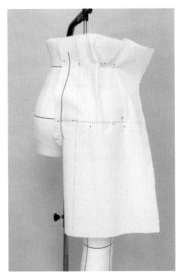

图9-35　别取后腰省

图9-36　确定前外缝线造型

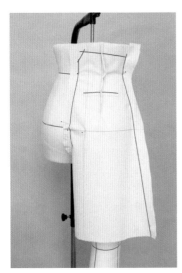

图9-37　同步确定后外缝线造型

图9-38　粘贴前脚口线

图9-39　粘贴后脚口线

（11）在后裤片上贴出后宝剑头腰襻造型和位于后腰线下约7cm的后挖袋，如图9-40所示。

（12）完成的半件裙裤坯样正背面立体效果如图9-41、图9-42所示。

图9-40　粘贴腰襻和挖袋

图9-41　半件坯样的完成着装效果
（前）

图9-42　半件坯样的完成着装效果
（后）

（13）从图9-43前后裤片的样板中可以看出，后腰省呈橄榄状，因省量较大采用放缝的
形式，也便于后腰襻的夹入。前后裤内缝线基本呈竖直状，外缝线则呈斜线扩展，这体现了
大腿内、外侧摆量加放的区别。

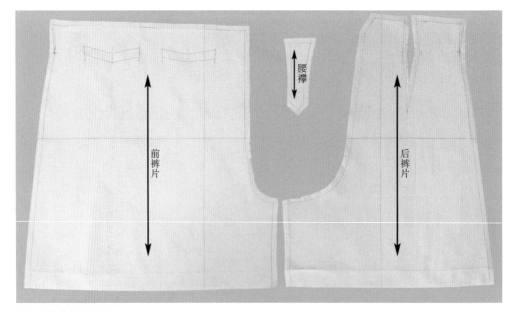

图9-43　确定最终样板

第三节　几何廓型系带长裤的立体裁剪

一、款式分析

这款裤子造型独特，左右两侧的布料折转后用系带系合，形成的外轮廓棱角曲折自然、刚中带柔、新颖别致。除去两边外侧的廓型外，裤子本身类似一条锥形裤，腰部合体，前后片均通过省道完成收腰，且采用无腰头设计；臀部松量适中，脚口尺寸偏小（图9-44、图9-45）。

该款式结构简约，重在廓型、比例的把握，人台上不需要额外粘贴款式标识线。

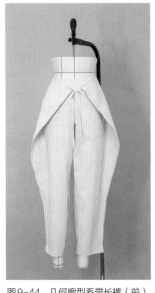

图9-44　几何廓型系带长裤（前）

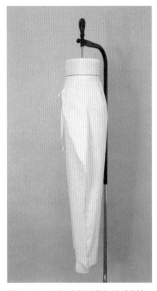

图9-45　几何廓型系带长裤（侧）

二、面料准备

取长100cm、宽65cm和70cm的坯布分别作为前、后裤片，绘制好经向的挺缝线和纬向的臀围线作为横平竖直的基础线（图9-46）。

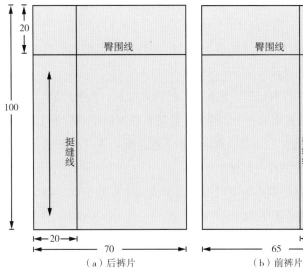

图9-46　面料准备

三、立体裁剪方法和要点

（1）将前裤片对齐挺缝线和臀围线放上人台固定，保持面料的横平竖直状态，贴出前中心线和前裆弧线（图9-47）。

（2）在余布上打剪口后，自然围裹腿部，按照脚口的形态确定大小后，贴出内缝线（图9-48）。

（3）臀围上保持约1cm的松量，将腰围线上的余量别成一个腰省，固定腰侧点（图9-49）。

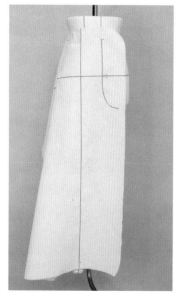  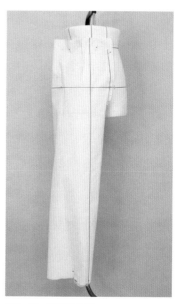

图9-47　固定前裤片丝缕　　　　　图9-48　固定裆底点后粘贴内缝线　　　　图9-49　别取前腰省

（4）将后裤片对齐挺缝线、臀围线放上人台，后中心臀部留取长度方向的松量，固定后腰中点。贴出后中心线和后裆弧线（图9-50、图9-51）。

（5）修剪后中心余布并打剪口后，将面料自然围裹腿部，参照前脚口确定后脚口大小后，贴出内缝线。将后腰上的余量别成一个后腰省，放置在后腰的中点附近（图9-52）。

（6）将前后裤片的腰侧点、外脚口点别合在一起，前后裤片外侧余布的臀围线都保持水平状态。如图9-53中将前后裤片一起提起。

（7）将前后裤片一起以腰侧点为支点折转，形成前中心处下降，脚口处扩展的状态。贴出后裤片折转后的外止口线（图9-54）。

> Tips：在做折转造型时，首先要重点观察折痕线的外扩斜率，即图9-55中蓝色胶带的最下端点与腰侧点这两点连成的直线，它决定了整体造型的扩张感。

（8）将前后裤片再次展平，依据后裤片上已经贴好的外止口线，在前裤片上贴出完整的外止口线直至脚口，也就是裤子的外裤缝线，要求线条连贯顺畅，从图9-55中可以看出，线条上半段呈凸弧状，下半段则呈凹弧状。

（9）留取约3cm的余量后修剪腰围线和外止口弧线的余布，再次将前后裤片一起折转，从正背两面观察仔细斟酌造型关键点和线条的形态，可再进行微调（图9-56、图9-57）。

图9-50　固定后裤片丝缕

图9-51　粘贴后中心线和后裆弧线

图9-52　别取后腰省

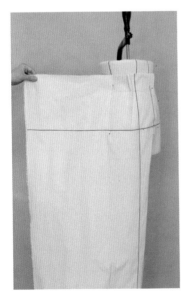

图9-53　前后裤片一起提起

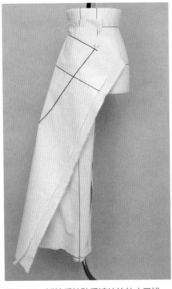

图9-54　折转后粘贴后裤片的外止口线

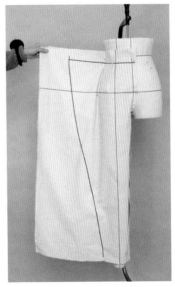

图9-55　粘贴前裤片外止口线至脚口

Tips：注意最外扩点是折转造型的视觉焦点，从这个点的内外层关系看，作为外层的后裤片在此处应有里外匀量，使形成的折转自然不紧绷。

（10）沿着所有的省道和轮廓线做好标记，尤其是有里外匀的最外扩点必须要有对位记号，取下平面确认后，别合省道、腰侧点下的5cm侧缝线和内外缝线，放上人台检验（图9-58、图9-59）。

（11）完成后的半件坯样样裤正背面效果如图9-60、图9-61所示。

（12）得到前后裤片的样板（图9-62），可以看出此例仅通过简单地改变裤外缝线的线条

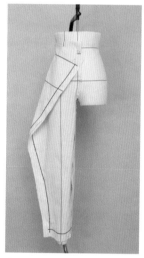
图9-56 修剪余布确定造型（前）

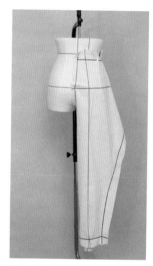
图9-57 修剪余布确定造型（后）

图9-58 平面确认后再次检验（前）

图9-59 平面确认后再次检验（后）

图9-60 半件坯样的完成着装效果（前）

图9-61 半件坯样的完成着装效果（后）

造型，利用面料柔性的折转，塑造出独特的几何廓型裤子造型。

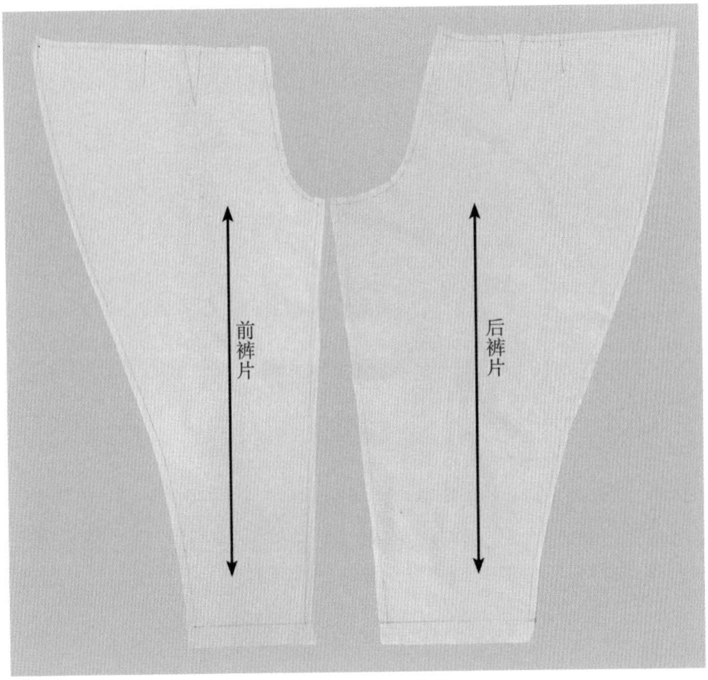

图9-62　确认最终样板

第四节　不对称装饰七分裤的立体裁剪

扫一扫
可见教学视频

一、款式分析

这是一款装饰感极强的女裤，视觉焦点集中在左侧立体张开的波纹上，它形似层叠的花瓣，非常新颖别致。右侧有一袋盖，在块面上形成平衡，后片有两个腰省，整体简洁干练中又凸显了女装特有的柔美感（图9-63、图9-64）。

二、人台准备

该款式的设计点主要集中在正面，如图9-65所示，贴出低于正腰位1cm的腰围线，人台右侧的前腰省省长约10cm，下方是以腰省为垂直对称的口袋位，左侧的纵向分割线位于挺缝线往侧缝方向外移2cm处，左侧中片上的四个褶裥款式线从分割线向中心线辐射状。侧片上的褶裥等中片完成后再进行粘贴，以免线条过多影响中片的立体裁剪。

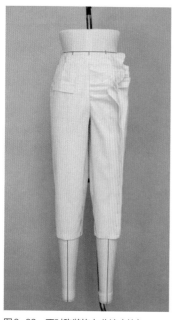

图9-63 不对称装饰七分裤（前）

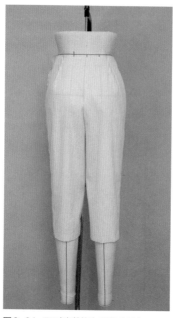

图9-64 不对称装饰七分裤（后）

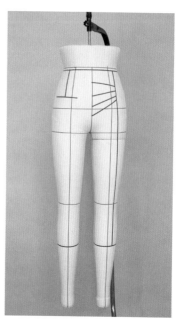

图9-65 人台准备

三、面料准备

后裤片和右前侧片的面料准备方法除长度为85cm外，其余同基本型女裤。左前中和左前侧裤片应预留出长度和宽度方向的估量，取长105cm，宽分别为60cm和50cm，并绘制好经向丝缕线。根据款式造型特点，左侧有垂褶造型，适合选用轻盈柔软的粘棉布来制作（图9-66）。

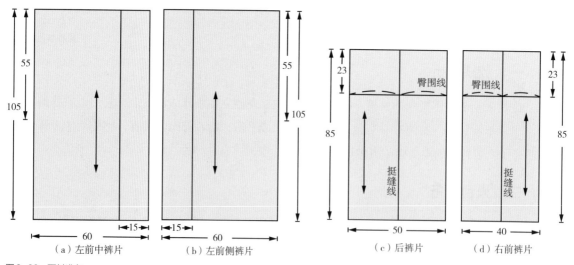

（a）左前中裤片   （b）左前侧裤片   （c）后裤片   （d）右前裤片

图9-66 面料准备

四、立体裁剪方法和要点

该款式应先完成右侧裤子的立体裁剪，因其实则为合体度适中的锥形裤，确认效果后以它为基础进行左侧裤子的立体裁剪。

（1）将人台右前裤片对齐臀围线和挺缝线的交点固定，臀围线上的松量分布均匀固定整条臀围线。保持面料的横平竖直状态，固定前腰中点，贴出前中心线和前裆弧线（图9-67）。

（2）修剪缝份打剪口后自然包裹腿部，固定于裆底点，至脚口线贴出内缝线（图9-68）。

（3）后裤片对齐挺缝线和臀围线的交点固定，后臀中心处留取长度方向的松量后固定后腰中点。贴出后中心线和后裆弧线（图9-69）。

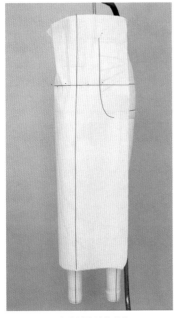 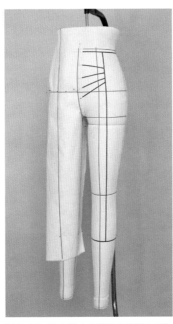 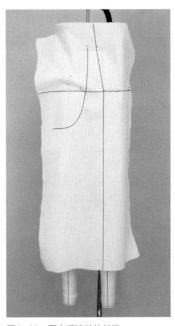

图9-67　固定右前裤片的丝缕　　图9-68　确定前中心线和前裆弧线并粘贴内缝线　　图9-69　固定后裤片的丝缕

（4）参照前裤片的内缝线，后裤片围绕腿部后也贴出内缝线，别出前后裤片的侧缝线，将前后裤片腰围上的余量分别别成前后腰省（图9-70、图9-71）。

（5）完成做标记后，从人台取下裤片进行平面确认，放缝修剪，别合前后腰省和内外缝线，放回人台检验右半件样裤的立体效果（图9-72）。

（6）将右前裤片熨烫平整，放置在左前中裤片坯布的右下脚处，如图9-73所示，对齐挺缝线，在臀围线下方4cm处贴出一条水平线，见图中的蓝色胶带。将内缝线、前裆弧线以及蓝色胶带下方的余布剪去，如图9-74所示。

（7）左前中裤片对齐挺缝线和臀围线放上左侧人台，裆部和内侧缝固定好（图9-75）。

195

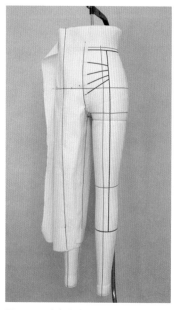

图9-70　确定外缝线

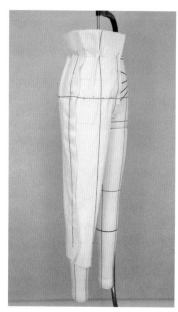

图9-71　别取腰省

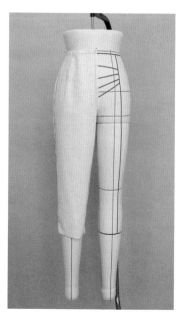

图9-72　右半件坯样的完成着装效果

图9-73　右前片与左前中片的放置关系示意

图9-74　修剪左前中片余布

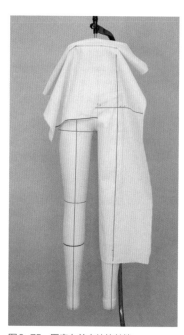

图9-75　固定左前中片的丝缕

　　（8）双针固定人台上粘贴的款式线位于前裆弧线上的褶裥点，余布打剪口，在分割线外侧将面料轻柔下拉，折叠后固定在分割线对应的褶裥位置点，形成第一个褶裥，控制褶痕松弛自然、不紧绷，如图9-76、图9-77所示。

（9）沿前中心线向上抚平至第二个褶裥点，双针固定后，打入剪口至该点，在分割线外侧继续下拉面料，在分割线的对应褶裥位置折叠形成褶裥，如图9-78、图9-79所示。完成三个褶裥后，可以看到蓝色胶带已经从原来的水平状态变化为竖直状态。

> **Tips：** 为保持褶痕的松弛状态，完成的褶裥以别合面料的方式在分割线处固定，而不是直接扎进人台；为减轻余布的牵扯，可在远离分割线的位置将其固定。

（10）完成四个褶裥造型后，确认各个褶裥的形态线条美感，基本定型后固定前腰中点，沿分割线抚平至腰线固定（图9-80、图9-81）。

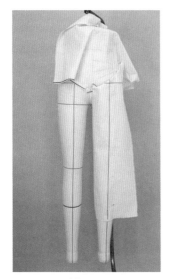

图9-76　构造第一个褶裥

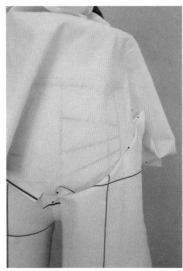

图9-77　第一个褶裥细节

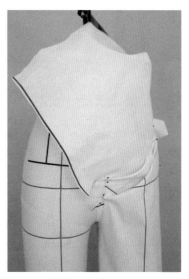

图9-78　构造第二个褶裥

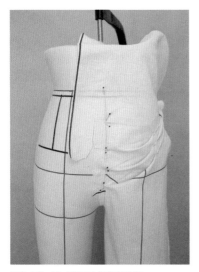

图9-79　完成第三个褶裥的构造

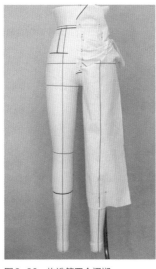

图9-80　构造第四个褶裥

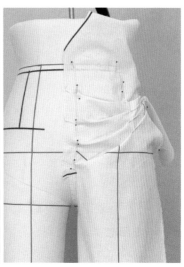

图9-81　所有褶裥细节

（11）将完成的中片折转，粘贴侧片的褶裥款式线。这四条款式线在分割线上与中片的款式线呈交替错开状，以缓解分割线处褶裥拼合时过厚的情况，侧片褶裥发散指向侧缝（图9-82）。

> **Tips**：在设计需两片缝制在一起的褶裥位置时，尽量选择相互错位的设计，以免缝制时因同一位置的面料厚度太厚而影响缝制效果。

（12）如图9-83所示，将右前裤片放置在左前侧片坯布的左下角，左前侧片布料上的经向丝缕与右前片挺缝线间隔7cm，在臀围线上方2cm处贴出一条水平线，见图中的蓝色胶带。将外缝线以及蓝色胶带下方的余布剪去，如图9-84所示。

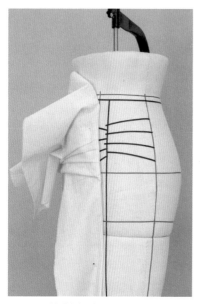

图9-82 粘贴左前侧片褶裥款式线

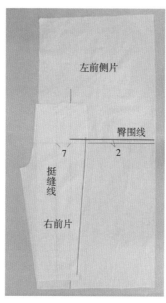

图9-83 右前片与左前侧片的放置关系示意

图9-84 修剪左前侧片余布

（13）将侧片坯布的经向丝缕线放置在人台上该片的中心位置，保持横平竖直状态，固定经向丝缕线和臀围线（图9-85）。

（14）按照人台上粘贴的第一个褶裥款式线位置，在侧缝线处双针固定，余布剪入，在分割线外侧将上方的布料下拉后折叠固定，注意褶痕对应款式线，并呈自然松弛的造型（图9-86）。

（15）继续先确定侧缝线上的褶裥点，修剪外侧余布后打剪口，然后在分割线外侧将面料下拉后折叠固定，此时布料在分割线和侧缝处都形成折叠量，但分割线处的褶裥深度稍大于侧缝线处的褶裥深度，这样能形成面料褶痕丝缕的微妙变化。图9-87是完成三个褶裥后的立体效果。

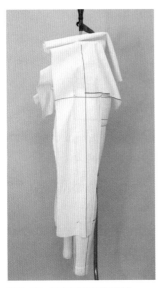

图9-85　固定左前侧片的丝缕

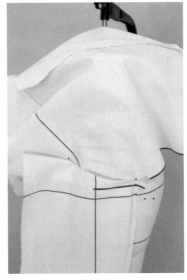

图9-86　构造第一个褶裥

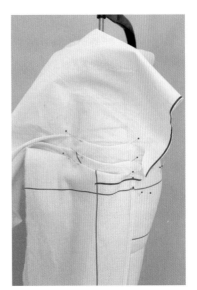

图9-87　完成三个褶裥的构造

（16）继续折叠出第四个褶裥，可以看出外侧的蓝色胶带已经从原来的水平状态逐渐变化为斜向状态（图9-88）。

（17）修剪腰围线上方余布后，打剪口使腰部贴合（图9-89）。

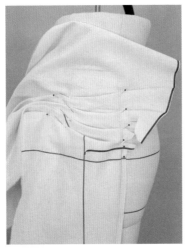

图9-88　构造第四个褶裥

图9-89　修剪腰部余布

Tips：①和前中片褶裥的做法相似，侧片的褶裥也以别合面料的方式在分割线处固定，而不是直接扎进人台。

②做第三、四个褶裥时，外侧余布无须打剪口就能折叠出褶裥，这是因为左右两侧的褶裥深度差异慢慢减小，近似于平行折叠，自然就不像第一个褶裥那样需要以侧缝点为支点剪口来形成另一侧的褶裥量了。

（18）将中片和侧片沿着分割线别合在一起。款式中分割线外止口线从腰围线向外延伸约

8cm后，向下逐渐减小宽度，在中裆线附近与分割线平行（图9-90）。

（19）一起修剪中片和侧片的弧形止口线外余布，在分割线处两片的褶裥外翘后自然张开，呈现形似花瓣的层层叠叠。为方便标记，贴出前中心线和腰围线（图9-91、图9-92）。

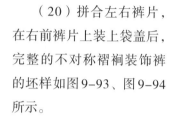

（20）拼合左右裤片，在右前裤片上装上袋盖后，完整的不对称褶裥装饰裤的坯样如图9-93、图9-94所示。

（21）从得到的样板中可以看出，右前片和后裤片与基本型女裤差别不大，左前中和左前侧裤片的样板比较特殊，它们在上半部分别形成了扇形的结构线，这是多个褶裥造型的关键所在（图9-95）。

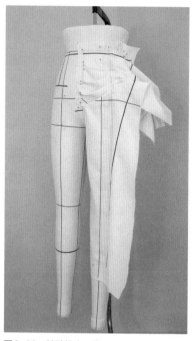

图9-90 粘贴外止口线

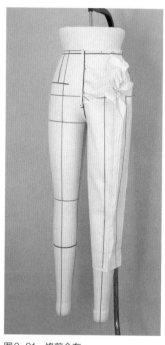

图9-91 修剪余布

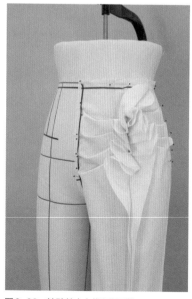

图9-92 粘贴前中心线和腰围线

图9-93 整件坯样的完成着装效果（前侧）

图9-94 整件坯样的完成着装效果（侧后）

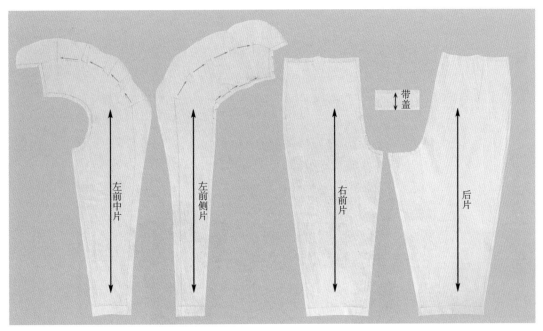

图9-95　确认最终样板

第五节　多分割喇叭裤的平面结构设计

一、款式分析

裤型外观整体为低腰喇叭裤，前片在腰腹和脚口都进行了多片分割，分割线设计在裤中线两侧，基本成对称状态；后片在裤中线附近进行纵向分割，裤型在膝盖以上形成较为合体的包裹，脚口偏大，形成明显的对比（图9-96）。

二、规格设计（表9-1）

表9-1　多分割喇叭裤的规格设计　　　　　　　　　　　　　　单位：cm

号型	部位尺寸	腰围	臀围	中裆	脚口	腰长	直裆	裤长（含腰）	腰头宽
160/68A	净体尺寸	68	90	—	—	18	24.5	—	—
	加放尺寸	2	6	—	—	—	1.5	—	—
	成衣尺寸	70	96	40	60	18	26	105	5

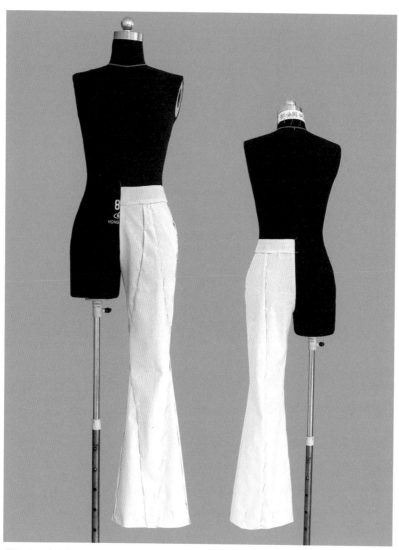

图9-96　多分割喇叭裤

三、平面结构设计方法和要点

1. **绘制框架**　根据规格表中的成衣尺寸，按照第七章第二节女裤基本型平面样板的方法绘制框架，其中因为款式较为合体，后横裆宽度适当减小，取值 [($H'/10$) −1] cm，前横裆宽度取值为 [($H'/20$) −1] cm。

2. **绘制前片内外侧缝线**　以裤中线为对称轴，分别取前中裆尺寸为（中裆/2）−2cm，前脚口尺寸为（脚口/2）−3cm。前腰围取值为 [($W'/4$)+1] cm，在腰围线上前中心处收进1.5cm，下降1.5cm定前腰节点，留1.5cm为前片省道转移量，腰围余量在侧缝处收进定腰侧点，最后完成前片内、外侧缝线的绘制。

3. **绘制前腰头和斜插袋**　平行腰围线向下取5cm绘制平行线，完成腰头设计，在裤中线附近绘制前腰省，宽1.5cm，长约10cm；腰头处的省道通过省道转移合并，省道与腰头下止口线相交处的收腰量在分割线处去除。在前片外侧缝处向下取18cm，宽4cm确定斜插袋位置。

4. **绘制前片款式分割线**　前裤片上止口线距前中心7cm确定第一条分割线的位置，两条分割线相距3cm；在中裆线上10cm处，分别在内、外侧缝线上定两条分割线的辅助线，距辅助线约2cm绘制相对形成凸弧的两条分割线，线条造型基本对称。

在前脚口中心处取3cm，分别与内外侧缝线中裆处连线绘制分割线的辅助线，进而距辅助线约2cm绘制相对形成凸弧的两条分割线，四条分割线的造型近似形成一个菱形外观。

5. **绘制后片内外侧缝线**　以裤中线为对称轴，分别取后中裆尺寸为（中裆/2）+2cm，后脚口尺寸为（脚口/2）cm。在腰围线上侧缝处收进1.5cm，定侧腰节点，初步确定后腰围线；继而完成后片内、外侧缝线的绘制。

6. **绘制纵向分割线和后腰头**　取后腰围线的中点，与中裆线的中点相连，作后分割线的辅助线；后腰围取值为 [($W'/4$) −1] cm，在后腰中点处去除腰围余量，确定分割线的位置；在脚口中心取3cm作为脚口尺寸的重叠量，也即补充量，以辅助线为参考线自上而下绘制后裤片的分割线，线条造型以流畅为准，同时在腰围、臀围、中裆和脚口四个部位保证成品尺寸。

从腰围线向下5cm平行绘制后腰头，分割线处的余量通过腰头的合并去除。

7. **完成样片的修正和部件样板**　完成腰头、分割裤片的修正，根据门襟设计绘制门襟贴边和里襟样板，最后标注丝缕方向。

样板的绘制和修正如图9-97、图9-98所示。

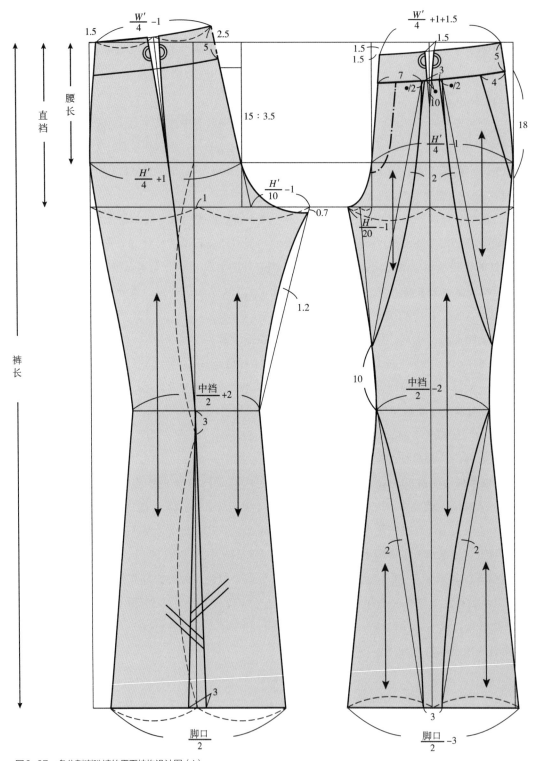

1.5

$\dfrac{W'}{4}-1$ 2.5

5

$\dfrac{W'}{4}+1+1.5$

1.5

1.5
1.5

5

7 3
●/2 ●/2
10

18

15 : 3.5

$\dfrac{H'}{4}+1$

$\dfrac{H'}{10}-1$

0.7

$\dfrac{H'}{4}-1$

2

$\dfrac{H}{20}-1$

1

1.2

中档
腰长
直档

裤长

$\dfrac{中档}{2}+2$

3

$\dfrac{中档}{2}-2$

10

2   2

3

$\dfrac{脚口}{2}$

$\dfrac{脚口}{2}-3$

3

图9-97 多分割喇叭裤的平面结构设计图（1）

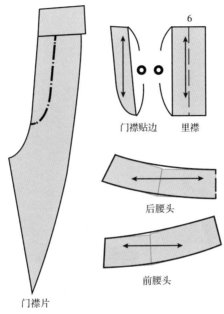

门襟贴边　　里襟

后腰头

前腰头

门襟片

图9-98　多分割喇叭裤的平面结构设计图（2）

第六节　纵分休闲裤的平面结构设计

一、款式分析

这是一款较为宽松、立体的休闲长裤。裤子的臀部、裆部松量适中，通过前片纵向分割设计在膝盖以下形成饱满的立体造型，同时侧缝由后向前偏移，在视觉上形成有一定弧度的外侧轮廓。较为宽松的裤腿和偏小的脚口形成对比，宽腰头及不对称的门襟设计共同呈现出较强的细节设计感（图9-99）。

二、规格设计（表9-2）

表9-2　纵分休闲裤的规格设计 　　　　　　　　　　　　　　　　　单位：cm

号型	部位尺寸	腰围（W）	臀围（H）	脚口	腰长	直裆	裤长（含腰）	腰头宽
160/68A	净体尺寸	68	90	—	18	24.5	—	—
	加放尺寸	2	8	—	—	3.5	—	—
	成衣尺寸	70	98	52	18	29	102	6

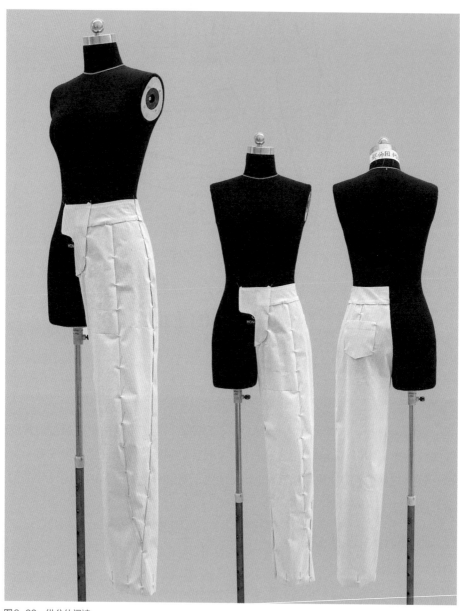

图9-99　纵分休闲裤

三、平面结构设计方法和要点

1. **绘制框架**　根据规格表中的成衣尺寸，按照第七章第二节女裤基本型平面样板的方法绘制框架，其中因为前裤片有纵向分割设计，并形成一定的立体造型，因而臀围尺寸在分配上与一般女裤不同，整体采用前后均分的方式，后臀围取值 $[(H'/4)]$ cm，前臀围在绘制框架时取值 $[(H'/4)-2]$ cm，缺失的2cm将在分割线处补足。

2. **绘制前片腰围线和内外侧缝线**　前腰围取值为 $[(W'/4)+1]$ cm，在腰围线上量取该尺寸，将余量三等分，前中心和侧缝处分别收进余量的1/3，余量将在分割线处去除；前腰节点向下1cm绘制圆顺的腰围线。

以裤中线为对称轴取前脚口尺寸为 $[(脚口/2)-2]$ cm，根据内侧缝辅助线确定中裆处裤腿围度为"2●"，并向外侧延伸2cm形成外侧缝在中裆的关键点；继而绘制前片的内、外侧缝线，因为该款式外侧缝线将由后向前偏移，此处外侧缝线接近直线，将脚口外侧点向下延伸1.5cm左右，以保证脚口线的圆顺和流畅。

3. **绘制前片款式分割线**　在外侧缝上由臀围线向下取14cm，在脚口外侧取6cm，过中裆处围度的对称点绘制第一条有细微弧度的分割线。

由裤中线向外侧缝水平处量取4cm绘制其平行线，直至中裆位置，作为另两条纵向分割线的参考线。以该参考线为对称轴，分别在腰围处量取收腰量，在臀围处补充2cm，在中裆处补充4cm，在第一条分割线底部向上量取14cm作为分割线的结束点，过这些关键的绘制两条分割线，分割线在中裆线以上基本对称，并在结束点汇集。

4. **绘制前腰头**　由腰围线向下取6cm绘制平行线，完成腰头设计，腰头处的分割线形成的收腰量通过合并去除。

5. **绘制后片内外侧缝线**　后腰围取值 $[(W'/4)-1]$ cm，量取该尺寸，将余量二等分，一部分在侧缝收进，另一部分作为后腰省量。

以裤中线为对称轴，分别取后脚口尺寸为 $[(脚口/2)+2]$ cm，中裆尺寸为 $[(●+2)×2]$ cm，过关键点绘制内外侧缝线。其中，后外侧缝线的线条造型及脚口处理方法与前片相同。

6. **绘制后腰头和后腰省道**　在腰围线中点处做后腰省，省量为腰围余量的1/2，省长13cm；由腰围线向下6cm作平行线绘制后腰头，腰头处的省道量通过合并去除。

7. **完成样片的修正和部件样板**　将完成的前后裤片在外侧缝处进行拼合并修正；根据款式绘制后片贴袋、不对称门襟、门襟贴边和里襟样板，最后标注丝缕方向。

样板的绘制和修正如图9-100、图9-101所示。

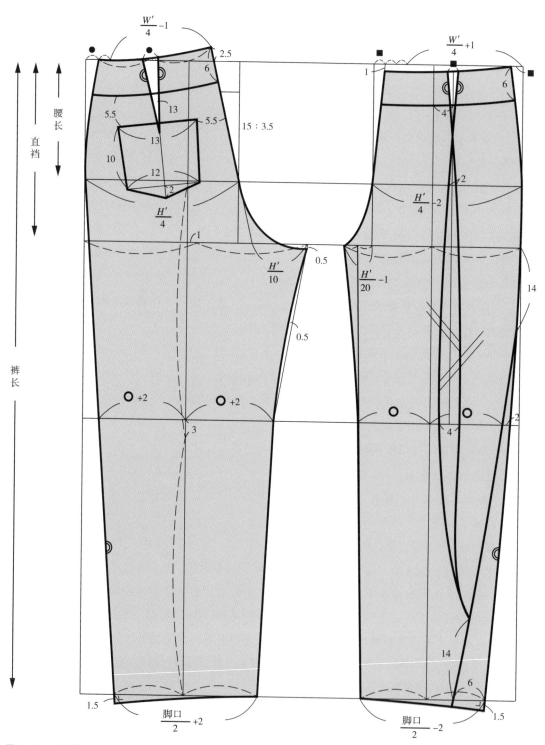

图9-100 纵分休闲裤的平面结构设计图（1）

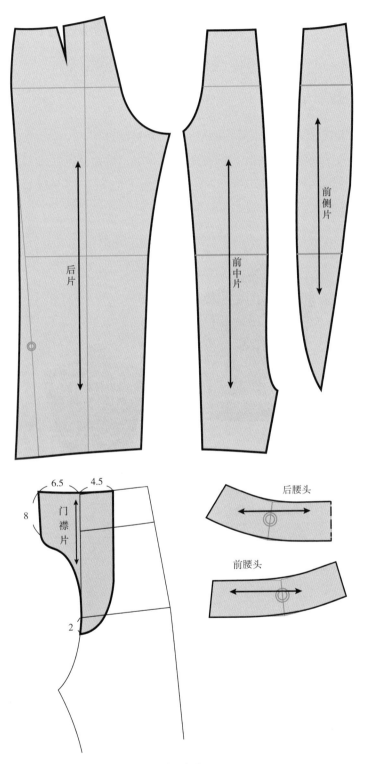

图9-101　纵分休闲裤的平面结构设计图（2）

第七节　不对称褶裥锥形裤的平面结构设计

一、款式分析

这是一款简约风格的合体锥形裤。裤子前片采用极简设计，仅在左前片裤中线附近形成向右侧折叠的折裥，折裥指向左腿内侧靠近脚口的位置；后片采用基础腰省设计，并配有两个单嵌插袋。腰位偏低，约在正腰围下2cm；裤长偏短，九分设计，整体简练利落又不失个性（图9-102）。

图9-102　不对称褶裥锥形裤

二、规格设计（表9-3）

表9-3　不对称褶裥锥形裤的规格设计 　　　　　　　　　　　　　　　　　单位：cm

号型	部位尺寸	腰围（W）	臀围（H）	脚口	腰长	直裆	裤长（含腰）	腰头宽
	净体尺寸	68	90	—	18	24.5	—	—
160/68A	加放尺寸	2	6	—	—	1.5	—	—
	成衣尺寸	70	96	32	18	27	88	3

三、平面结构设计方法和要点

1. **绘制框架**　因为该款式较为合体，框架构建与基本裤型相同，按照第八章第一节锥形裤的平面结构设计的方法绘制框架。由于款式为低腰设计，在长度尺寸上，框架中的长度尺寸应为成衣裤长加上低腰的数值，即裤长 +2。因裤长较短，且裤型对中裆尺寸没有要求，中裆辅助线可取臀围线至脚口的中点即可。

2. **绘制前片腰围线和内外侧缝线**　前腰围取值为 $[（W'/4）+1]$ cm，在侧缝处收腰2cm，前中收腰2cm并下降1cm后绘制腰围线，量取腰围线上的余量，将其作为腰省量，省长10cm；腰头处省量将通过合并去除，前裤片上的省量将作为吃势，因而省道位置约在裤中线附近即可。

以裤中线为对称轴，取前脚口尺寸为 $[（脚口/2）-2]$ cm，根据内侧缝辅助线确定中裆处裤腿围度为"$2×\square$"，继而绘制前片的内、外侧缝线。

3. **确定前腰头和折裥位置**　由腰围线向下取2cm绘制平行线，作为前腰头的上止口线，继续向下3cm绘制平行线作为前腰头的下止口线，完成腰头设计，腰头处的省道通过合并去除。

前裤片上止口线上距前中心7.5cm确定一点，内侧缝由脚口向上量取14cm确定一点，连接两点作为前片折裥的插入位置。

4. **绘制后片腰围线和内外侧缝线**　后腰围取值 $[（W'/4）-1]$ cm，在侧缝处收进1.5cm后绘制腰围线。量取腰围，将余量二等分作为两个后腰省量。

以裤中线为对称轴，分别取后脚口尺寸为 $[（脚口/2）+2]$ cm，中裆尺寸为 $[（\square+2）×2]$ cm，过关键点绘制内、外侧缝线。

5. **绘制后腰头、挖袋和后腰省道**　由腰围线向下取2cm绘制平行线，作为前腰头的上止口线，继续向下3cm绘制平行线作为前腰头的下止口线，完成腰头设计。

距腰头下止口线下6cm设计挖袋位置，挖袋开口长12cm，单嵌条宽约1.2cm，距后中心线5.5cm平行于腰头放置；距袋口两端3cm设计后腰省位置，省道向上基本垂直于腰围线，省道大小为腰围线余量的1/2。

6. **前片折裥的加放和样板的修正**　修正前片样板后，以前中心线为对称轴绘制裤片上止口线，量取7.5cm确定折叠点，将该点和前内侧缝上的标注点连线作为折裥翻折线，沿折裥位置剪开前片并加入折叠量，折叠后完成上止口线和内侧缝线的修正。

腰头、门襟贴边和里襟的制作方法同前；因非对称设计，右前腰头在左前腰头的基础上对称延伸，根据款式，除折裥7.5cm外，另加3cm的延伸量。最后标注丝缕方向，样板的绘制和修正如图9-103、图9-104所示。

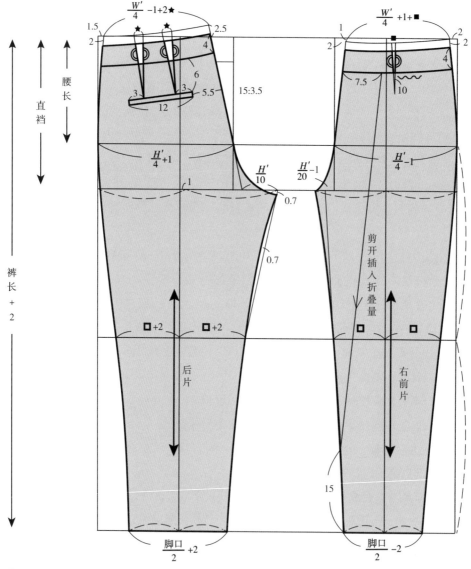

图9-103　不对称褶裥锥形裤的平面结构设计图（1）

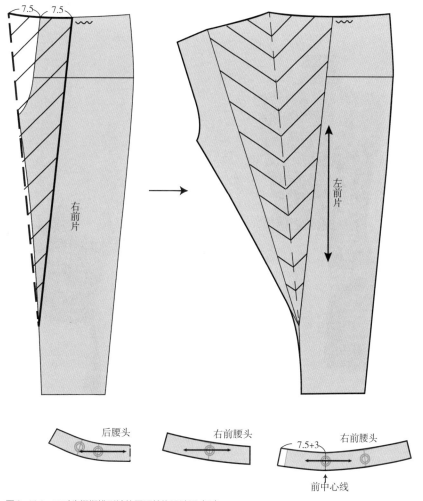

图9-104 不对称褶裥锥形裤的平面结构设计图（2）

第八节 五分工装裤的平面结构设计

一、款式分析

这是一款宽松适度的五分直筒工装裤。裤长至膝盖以下，裤口大小适中，整体形成利落的直筒轮廓。裤子前后片均有横向、纵向分割线设计，前片为连腰设计，后片通过横向分割形成育克腰头。大腿外侧设计了有袋盖的立体贴袋，腰部侧面安装有两根织带，口袋体积较大，以此增加工装裤粗犷、硬朗的外观和多功能的实用性（图9-105）。

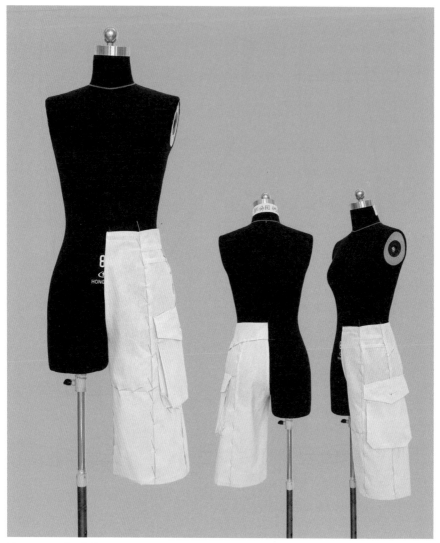

图9-105　五分工装裤

二、规格设计（表9-4）

表9-4　五分工装裤的规格设计　　　　　　　　　　单位：cm

号型	部位尺寸	腰围（W）	臀围（H）	脚口	腰长	直裆	裤长（含腰）
160/68A	净体尺寸	68	90	—	18	24.5	—
	加放尺寸	2	8	—	—	2.5	—
	成衣尺寸	70	98	58	18	27	58

三、平面结构设计方法和要点

1. **绘制框架**　根据规格表中的成衣尺寸，按照直筒裤样板绘制的方法构建基础框架，因为裤长较短，无须中裆线。

2. **绘制后片腰围线和内外侧缝线**　后腰围取值为 $[(W'/4)-1]$ cm，在腰围线上量取该尺寸，后侧缝收腰1.5cm绘制圆顺的腰围线，余量将在分割线处去除。

为使裤子外侧缝线形成竖直的外观效果，外侧缝线在臀侧点竖直向下直至脚口，此时与脚口设计尺寸有一定偏差，通过调整前后脚口尺寸的分配来尽可能减小这个偏差，这里以裤中线为对称轴，取后脚口尺寸为 $[(脚口/2)+3]$ cm，差值记为"●"，这部分差量将在分割线处去除。

3. **绘制后片款式分割线**　将脚口五等分，腰围二等分，连接腰围中点和脚口外侧第二个等分点作为分割线的参考线，分别在腰围线和脚口去除余量，依据参考线绘制流畅的分割线，线条弧度尽可能顺直、平缓。

4. **绘制后腰头**　后中心线向下取值6cm，侧缝线向下取值12cm，连接两点作为育克线的辅助线，在该辅助线向上1cm绘制略带弧度的育克线形成后腰头，腰头上因分割线形成的余量通过合并去除。

5. **绘制前片内外侧缝线**　前腰围取值 $[(W'/4)-1]$ cm，量取该尺寸，侧缝收腰1.5cm，前中心收腰1cm，下降1cm后绘制圆顺的前腰围线，腰部余量将在分割线处去除。

以裤中线为对称轴，取前脚口尺寸为 $[(脚口/2)-3]$ cm，前外侧缝的绘制与后外侧缝线相匹配，此时与脚口外侧点基本重合，若有偏差处理方法与后片相同。

6. **绘制片款式分割线和腰头贴边**　前内侧缝向下量取16cm作一条水平分割线；沿前腰围线向下6cm作腰围线的平行线为前腰贴边，贴边上分割线处的余量通过合并去除。

7. **完成样片的修正和部件样板**　将完成的前后裤片在外侧缝处进行拼合并修正；根据款式修正后腰头、前腰贴边样板，绘制门襟贴边和里襟样板，最后在成形的样片上标注丝缕方向。

8. **设计并绘制立体贴袋样板和功能织带**　贴袋袋盖宽20cm、前高5cm、后高7cm，并在袋盖下止口中心下降1.5cm形成不规则的袋盖造型；贴袋宽18cm，袋口斜度与袋盖一致，贴袋后高18cm，口袋下止口水平，并在两端形成类似八边形的几何棱角。贴袋四周均匀放出立边4cm，在下口棱角处通过折裥形成立体效果。

将前后侧片侧缝拼合，臀围线上从前分割线收进1cm后安装立体贴袋，安装时保持口袋整体竖直。

在前侧片上腰围线下4cm、7cm分别安装一条宽约1cm的功能织带。

样板的绘制和修正如图9-106、图9-107所示。

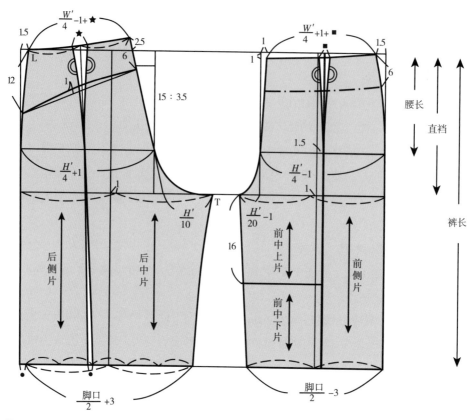

图9-106　五分工装裤的平面结构设计图（1）

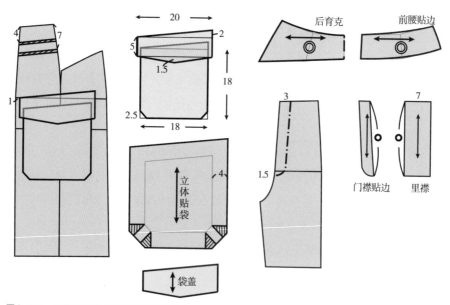

图9-107　五分工装裤的平面结构设计图（2）

第九节　偏门襟落裆裤的平面结构设计

一、款式分析

这是一款非常规分割设计的落裆裤。裤子前、后片都没有中心分割线，而是分别在左右进行纵向分割，并加深直裆，前片分割线处设计了门襟开口，腰侧采用松紧腰头，裤长在脚踝附近，采用克夫设计，裤脚通过褶皱形成灯笼裤外形（图9-108）。

图9-108　偏门襟落裆裤

二、规格设计（表9-5）

表9-5 偏门襟落裆裤的规格设计

单位：cm

号型	部位尺寸	腰围（W）	臀围（H）	脚口	脚口克夫	脚口克夫宽	腰长	直裆	裤长（含腰、克夫宽）
	净体尺寸	68	90	—	—	—	18	24.5	—
160/68A	加放尺寸	0	12	—	—	—	—	8.5	—
	成衣尺寸	68	102	48	32	5	18	33	90

三、平面结构设计方法和要点

1. **绘制框架** 因为该款式与常规女裤结构相差较大，其基础框架的构建方法也与其他女裤存在一定的差异。

（1）因为该款式为落裆裤，臀围参考线也可适当下降，这里将直裆三等分，过第二个等分点画水平线作臀围参考线。

（2）因为前后中心无分割设计，后中心斜率比常规女裤小，这里取值为15:1.5。

（3）因为落裆设计，前后横裆宽的差异较小，同时因为分割线设计作图时横裆尺寸有一定损失，所以框架设计时前后横裆宽取值偏大，这里后横裆宽取值为（$0.15H'/2$）cm，前横裆宽取值为（$0.15H'/2-1$）cm。

（4）因为前片横裆宽较大，前挺缝线同后挺缝线的设计，即取整个横裆宽的中点并向侧缝偏移1cm。

2. **绘制前裤片轮廓线**

（1）作前中心对称线和腰围线。直线连接前腰节点和前横裆底点，并向上延伸2cm后绘制前腰围线辅助线，前中心对称线在臀围处的伸出量记为"▲"。

（2）绘制内、外侧缝线。取前脚口尺寸为［（1.5脚口/2）-1］cm，均匀分布在前挺缝线两边，侧缝收腰1cm后绘制内外侧缝线，线条弧度尽量平缓。

（3）绘制前片分割线。因为腰头有松紧设计，裤片上保留2.5cm作为收缩量，前腰围取值为［（$W'/4$）+0.5+2.5］cm。从腰围前中处量取8cm确定第一条分割线位置，内侧缝线上从裆底点向下量取3cm后连线，以此连线为参考，绘制向外侧微凸的第一条分割线，弧度间距约为2cm。

从腰侧向内量取腰围取值的余量"△"确定分割线位置，在臀围线上去除"▲"后确定第二条分割线与臀围线的交点，绘制与前中片分割线弧度相近的分割线。

因为两条分割线有一定的长度差，这里约为2.5cm，在前中片上腰围线平行上抬2.5cm后补足长度差。

因为侧面有松紧腰头设计，前侧片上沿腰围线向下5cm绘制腰围线的平行线，作为前侧片的上止口线。

3. **绘制后裤片轮廓线**

（1）作后中心对称线和腰围线。后中心斜线向上延伸3cm后与裆底点连线作后中片对称线，同时绘制后腰围线辅助线，后中心对称线在臀围处的伸出量记为"●"。

（2）绘制内、外侧缝线。取前脚口尺寸为［（1.5脚口/2）+1］cm，均匀分布在前挺缝线两边，侧缝收腰1cm后绘制内、外侧缝线，线条弧度尽量平缓。

（3）绘制后片分割线。后片分割线的绘制方法与前片相同。后腰围取值为［（$W'/4$）−0.5+2.5］cm，2.5cm为松紧腰伸缩量。从腰围后中处量取7cm确定第一条分割线位置，内侧缝线上从裆底点向下量取3cm后连线，以此连线为参考，绘制向外侧微凸的第一条分割线，弧度间距约为2cm。

从腰侧向内量取腰围取值的余量"○"确定分割线位置，在臀围线上去除"●"后确定第二条分割线与臀围线的交点，绘制与后中片分割线弧度相近的分割线。

两条分割线的长度差约为2.5cm，后中片腰围线平行上抬2.5cm后补足长度差，平行后侧片腰围线向下5cm绘制平行线，作为后侧片的上止口线。

4. **绘制松紧侧腰头和脚口克夫**　侧面松紧腰头长度取值为（△+○−5cm），宽5cm。脚口克夫长为32cm，延伸3cm作为交叠量，克夫宽5cm。

5. **前后中片的修正**　将前中片左右对称，同时裆底宽度为5cm，作向上细微收进的凹弧后完成前中心片的轮廓线。后中心片的修正与前片完全相同。

6. **前片偏门襟设计**　前中心片向下量取20cm、宽3cm作为门襟开口，分别在上止口下降1.5cm、下止口上抬2cm设计第一颗和最后一颗纽扣，其余三颗纽扣均匀分布；门襟贴边和里襟样板与常规女裤作法完全相同。

7. **完成样片的修正并标注丝缕**　完成所有样片的修正后在成形的样片上标注丝缕方向。样板的绘制和修正如图9-109、图9-110所示。

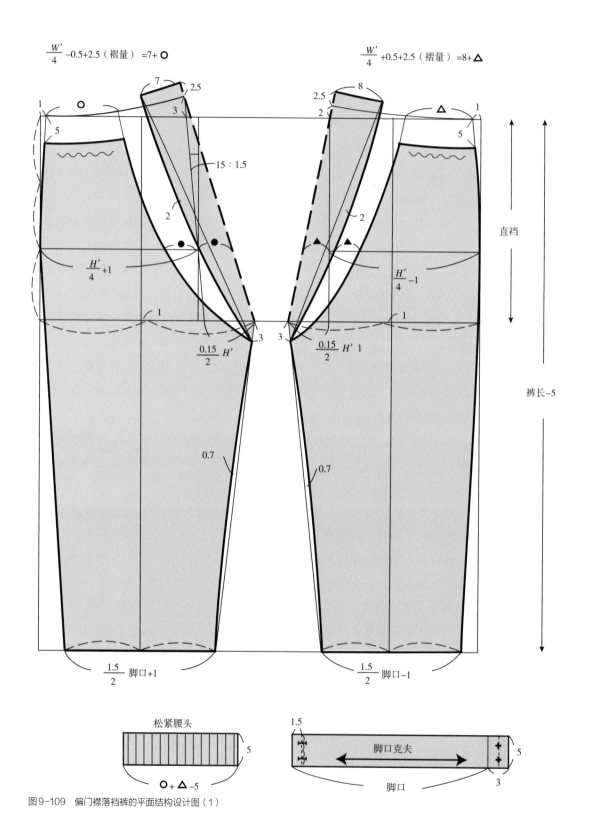

$$\frac{W'}{4}-0.5+2.5（褶量）=7+○$$

$$\frac{W'}{4}+0.5+2.5（褶量）=8+△$$

图9-109　偏门襟落裆裤的平面结构设计图（1）

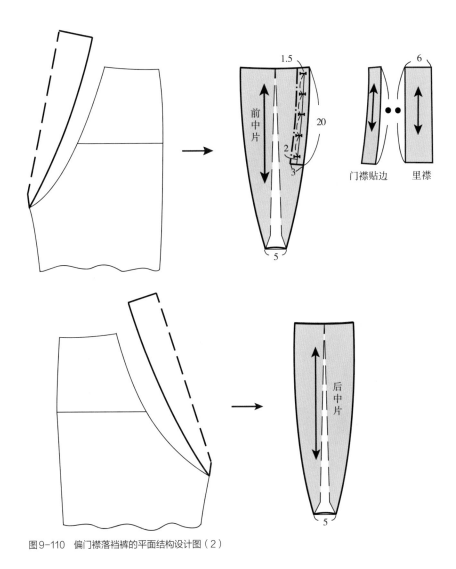

图9-110 偏门襟落裆裤的平面结构设计图（2）

第十节 连身中裤的平面结构设计

一、款式分析

这是一款连身中裤，上半身为合体背心，采用四开身设计，腰节位置略低于正常腰围，约下降3cm；下半身为较为宽松的箱型短裤，通过前中心的明门襟扣合，腰部有一个活褶，脚口有翻折装饰边（图9-111）。

图9-111　连身中裤

二、规格设计（表9-6）

表9-6　连身中裤规格表　　　　　　　　　　　　　　　单位：cm

号型	部位名称	胸围（B）	腰围（W）	臀围（H）	背长	腰长	直裆	全长	裤长	脚口
160/68A	净体尺寸	84	68	90	38	18	24.5	—	—	—
	加放尺寸	10	10	12	—	0	2.5	—	—	—
	成衣尺寸	94	78	102	38	18	27	86	44	64

三、平面结构设计方法和要点

1. 上半身背心样板的绘制

（1）背心后片样板。选择第七代日本文化式原型作为上衣的基础框架进行样板设计。

取上衣原型后片，腰围线向下量取3cm作水平线为背心下止口辅助线。侧颈点向外量取7cm，作为肩部，后胸围辅助线上量取$B'/4$定袖窿底点，作后袖窿线；过该点作直线垂直腰围线为侧缝辅助线，后腰围取值为［（$W'/4$）–0.5］cm，腰围线上侧缝处收进1cm，余量约为3.5cm，在分割线处去除，水平绘制腰围线，量取后片侧缝线长，记为"★"。

取后胸围的中点，向侧缝偏移1cm后向下作一垂线为分割线的参考线，在参考线两边均匀地取收腰余量后，绘制后片分割线，此时上衣后中片及后侧片腰围尺寸分别记为"● 1"和"● 2"。

（2）背心前片样板。取上衣原型前片，腰围线向下量取3cm作水平线为背心下止口辅助线。

前颈点向下15cm定领口开深度，绘制轻微曲度的领口线。侧颈点向外量取7cm，与后片匹配；后胸围辅助线上量取$B'/4$后下降1cm定袖窿底点，作前袖窿线；过该点作直线垂直腰围线为侧缝辅助线，后腰围取值为［（$W'/4$）–0.5］cm，腰围线上侧缝处收进1cm，余量约为2.5cm，在分割线处去除；取侧缝线长为［（★+2）］cm，其中2cm为胸省量，将通过省道转移至分割线处，绘制前中水平、侧面微微起翘的腰围线。

过前胸围的中点向下绘制竖直线作为分割线的参考线，胸围线下4cm为BP点位置，过该点绘制两条纵向分割线，分割线在BP点之上重合，在BP点下方以参考线左右基本对称，腰部去除腰围尺寸余量。此时上衣前中片及前侧片腰围尺寸分别记为"▲ 1"和"▲ 2"。

前中心向外量取1.5cm为搭门量。

2. 上半身短裤样板的绘制

（1）绘制短裤基础框架。款式为较为宽松的直筒裤，与前文基本型女裤构建基础框架的方法基本相同，因臀围放松量较大，后挺缝线在整个后横裆宽的中点向外侧偏移1.5cm。

（2）绘制后裤片。因为低腰设计，首先在原腰围平行下降3cm作为腰围线的辅助线。从后中依次量取"● 1"、2cm、"● 2"定侧腰点，其中2cm为后腰省道量，省道长9cm。

因为款式较短，为使裤子外侧缝线形成竖直甚至外扩的轮廓，通过调整前后脚口尺寸的分配来调整外侧缝线的造型，使其呈现竖直向下或轻微外斜的状态，这里后脚口尺寸取值为［（脚口/2）+3］cm，进而完成内侧缝线和脚口线。

（3）绘制前裤片。在原腰围平行下降3cm作为前腰围线的辅助线。分别从前中量取"▲ 1"定一点，侧缝处收腰1.5cm后量取"▲ 2"定一点，两点间距离作为前腰褶量。前腰节点下降

1cm后绘制前腰围线。

前脚口取值［（脚口/2）−3］cm后完成内、外侧缝线的绘制，腰围线上插袋开口宽3cm，开至臀围线下3cm。

（4）衣身样板的修正和部件设计。前侧片上侧缝处作宽约2cm的胸省，并完成省道的合并，修正分割线和侧缝线，通过调整胸省的大小来保证修正后的前侧缝与后侧缝等长。

量取衣片前中长，记为"■1"，裤片臀围线下2cm定前中开口止点，量取前中开口长度，记为"■2"；作长为［（■1+■2）］cm、宽为3cm的明门襟样板，根据款式在门襟下口作尖角，并均匀设计纽扣位置。

前衣片侧缝处量取4cm作水平线，确定前衣片贴边样板；后衣片侧缝处取4cm、后中处取12cm，依据袖窿弧线作后衣片贴边样板。

（5）短裤翻折脚口样板设计。裤脚翻折边宽3cm，在脚口平行下降3+3+4cm，合计10cm确定翻折后的脚口线，按照侧视示意图完成脚口折边的翻折后按内、外侧缝轮廓线进行修正。

完成所有样板修正后标注丝缕方向，样板绘制和修正方法如图9-112~图9-114所示。

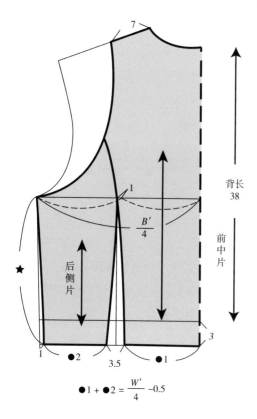

$$\bullet 1 + \bullet 2 = \frac{W'}{4} - 0.5$$

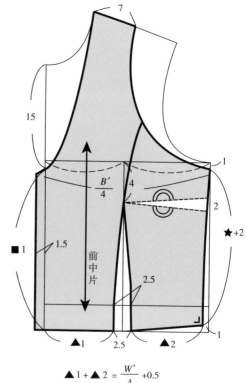

$$\blacktriangle 1 + \blacktriangle 2 = \frac{W'}{4} + 0.5$$

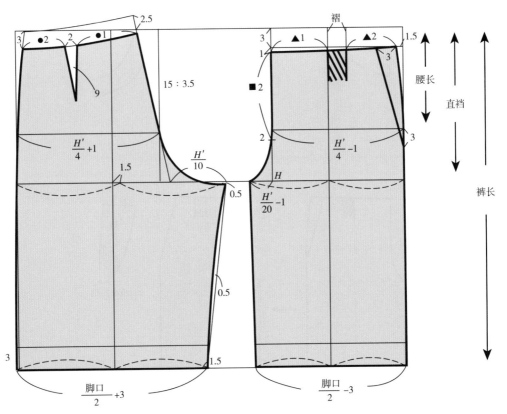

图9-112 连身中裤的平面结构设计图（1）

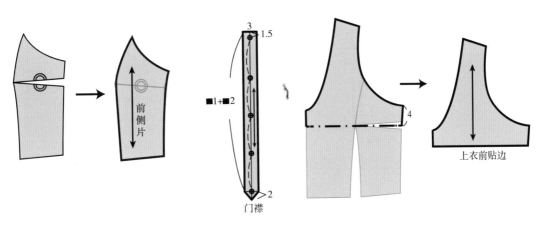

图9-113

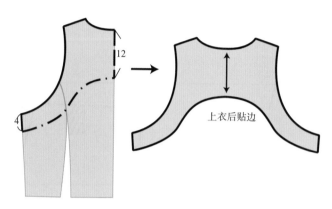

图9-113 连身中裤的平面结构设计图（2）

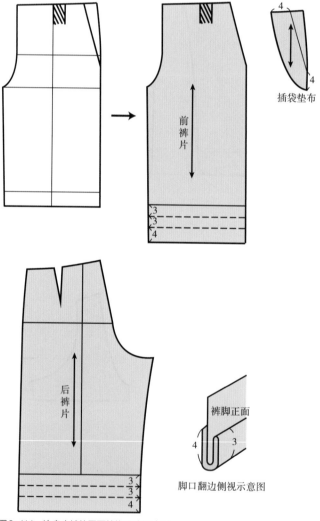

图9-114 连身中裤的平面结构设计图（3）

思考与练习

　　自选一款女裤，根据其款式特点选择立体裁剪或平面结构设计的方法完成坯样制作，并分析其结构设计的要点。

参考文献

［1］戴建国.服装立体裁剪技术 [M].北京:中国纺织出版社,2012.

［2］Karolyn Kiisel. Draping[M]. London: Laurence King Publishing Ltd., 2013.

［3］沈婷婷,何瑛.礼服立体造型与装饰 [M].北京:中国纺织出版社有限公司,2020.